エスター、幸せを運ぶブタ

スティーヴ・ジェンキンズ &
デレク・ウォルター

高見 浩 訳

ESTHER
THE WONDER PIG

CHANGING THE WORLD
ONE HEART AT A TIME

STEVE JENKINS & DEREK WALTER
WITH CAPRICE CRANE

飛鳥新社
ASUKA SHINSHA

エスターがやってきた①

わが家に新しい家族が増えた。名前はエスター。甘えたり、すねたり、いたずらしたり、ワンコやニャンコと変わらない超絶可愛らしいブタのプリンセス。

エスターが やってきた②

エスターは暖かい場所が大のお気に入り。暖房の吹き出し口は格別らしい（下・右）。食べる、眠る、ほじくり返す、くり返す、がエスターの毎日。

なんてでっかくなったんだ！

体重三百五十キロの存在感（右・下）。この“ブルドーザー”が叫ぶと、ジェット旅客機が離陸するときのような大音響が家中にこだまする。

おやすみ、エスター

エスターは昼寝も大好き。パパがベッドやソファにいるのを見つけると、すぐにもぐりこんでくる。鼻をこすりつけると安心するらしく、あっという間にすやすや寝込んでしまう。

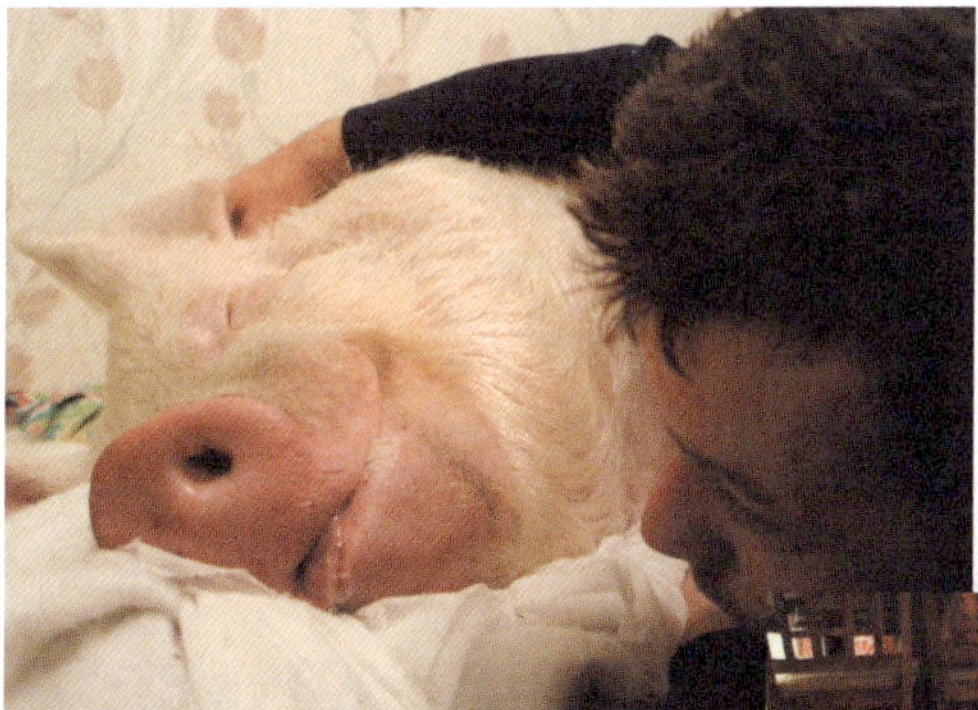

おてんば
エスター

エスターが一日に何十回も開け閉めするので、冷蔵庫はとうとう壊れてしまった（上）。高いIQを駆使して、信じられないような高等戦術でおやつを奪い去る。

エスター、幸せを運ぶブタ

スティーヴ・ジェンキンズ
＆デレク・ウォルター

高見浩訳

エスター、幸せを運ぶブタ　目次

第一章

プリンセスとの出会い

ドキドキしない人生なんてつまらない。でも、ちゃんとあるのだ、ドッキリすることは。たとえば、ほとんど毎日のように、午前三時頃になると、貨物列車があなたの寝室に向かって驀進《ばくしん》してくるとしたらどうだろう。

ぼくらはそれを〝暁《あかつき》のトン走〟と呼んでいる。

たいしたことないじゃん、と思う人もいるかもしれない。でも、体重三百五十キロのブタがどしどしどしと廊下を突進してくる音にびっくりして目が覚めるのは、やっぱり、たいしたことだし、とんでもないことだと思うのだ。最初はごく微かな震動ではじまる。それがすぐに低い鳴動をともなってベッドのマットレスをふるわせ、まだ半分眠ったままの意識に割り込んでくる。次の瞬間、あっと気がついて身を起こし、ベッドにスペースをあける――ぼくの隣りでのんびり寛《くつろ》ぐつもりの巨体の主のために。枕が舞い、人と犬と猫が慌ててわきにどく。その騒ぎも知らぬげに、ウッドフロアの上を接近してくるひづめの音。一歩進むたびにその音は盛大になる。ひとたびその音を聞くと頭にしっかと刻み込まれてしまい、それがパブロフの犬のような条件反射を引き起こす(この反射はもともと犬の実験で確かめられたのだから、わが家の愛犬、ルーベンとシェルビーはどう対応すればいいか、わかっている。愛猫のドロレスとフィネガンはそのときの気分しだいだ)。地響きのような音と共に、家が文字通り震動する——ときには家具の一つ二つが倒れたりする。もう、すぐそこまできたことが、ひしひしと伝わる。でも、もはやどうすることもできない。
次の瞬間、ぼくらの可愛いプリンセスが部屋に飛び込んでくる。たぶん、夜の怪しい物音にびっくりしたのだ。プリンセスはぼくらのベッドに飛び乗ってくる——まさしくぼくらの人生に飛び乗ってきたように。ぼくらは大わらわでスペースをあけてやるのだが、それは同時に何物にも換えがたい、素晴らしい体験でもある。その体験を、ぼくらはもう手放すつもりはない。

＊　＊　＊

たぶん、ブタの親代わりになるのは、ぼくの運命だったのだ。ぼくは昔から動物好きだった。こんなことは言いたくないが、もし罠にかかっている犬と、罠にかかっている人間を同時に見つけたら、ぼくは真っ先に犬を助けてしまうような気がする。か弱い動物には人間の助けが絶対に必要だ。どんな場合であれ動物を保護するのが自分の役目だと、ぼくは思ってきた。

生まれて初めてできた親友も、子供の頃に飼っていたブランディという名の犬だった。シェパードのミックス犬で、長い真っ直ぐな尻尾《しっぽ》、だらんと垂れた耳、黒みがかった茶色の毛。もじゃもじゃのごく淡い金髪のぼくとは好対照だった——もちろん、だらんと垂れた耳と尻尾を別にすれば（当時のぼくは、あの人気テレビ・ドラマの主人公、〝わんぱくデニス〟にそっくりだった。性格までそっくりだと言う人もいるかもしれないが）。ブランディとぼくは、どこにいくにも一緒だった。ぼくのいくところどこにでも、まるで影みたいにブランディはついてきた——友だちの家にも、公園にも、わが家の部屋から部屋へ移動するときも。

当時のわが家は、カナダのオンタリオ州にあるミシサガにあった。かなり大きな都会だ。でも、時代がいまとはまるでちがっていた。万事いまよりも単純で、しかも安全だったから、子供たちは気ままに自転車を乗りまわし、暗くなって家に帰る時間がくるまで、あちこちほっつき歩いていたものだ。

まだ家でペットを飼ってもらえなかった頃、六歳のぼくは、近所を探検してペットのいる家を見つけ、ときには勝手に庭に入り込んで、そのペットと友だちになった。〝暗くなるまでに家に帰る〟というルールを忘れると、両親からこっぴどく叱られた。

その日、ぼくは近所の家のワンコとすっかり仲良しになり、夢中で遊んでいるうちに、坊や、もう暗くなったからお家にお帰り、と飼い主の人に諭《さと》されてしまった。で、仕方なく、じゃ、さよなら、と言って外に出て、その家から遠ざかった。けれども、飼い主の人が家の中にもどるや否や引き返して、そのワンコと遊びつづけたのである。ああいう年頃のときは、〝両親の心配〟とか〝住居不法侵入〟などという些細なことはまったく気にしないものだ。

ところが、〝これ、とってこい〟のゲームに熱中しているうちに、悪事が露見してしまった。

投げた棒切れが勝手にそっぽに飛んでいって、そのお宅の窓に命中してしまったのだ（こういう言い方、投げた当人より棒切れが悪いような言い方に、ぼくの本性が現れてしまう。ワンコは絶対悪者にしたくないという意識がつい働いてしまうのだ、昔も今も）。

窓のカーテンがひらいて、何事《なにごと》ならん、と飼い主のご夫婦が外を覗いたとき、ぼくはその場に直立不動で立っていた。カメレオンのように、庭に溶け込んでしまおうとして。できれば、ニンジャになったほうがよかったのだろう。カメレオン戦術はまったく効果がなかったからだ。もちろん、ぼくの姿は消えるわけもなく、親切な奥さんが外に出てきて、ぼくを家に招き入れてくれた。そこでワンコと遊びなさい、と言ってくれたのだ……家の中なら〝とってこい〟をして窓を割ったりする心配もないわけだから。

心温まる物語。だと思わない？

ところが、そのお宅の玄関の扉を警官がノックしたとたん、すべては一変してしまう。

そう、事実そうなったのだ。息子が帰らないのでパニックに襲われたぼくの両親にせっつかれて、警官たちが近所の家をしらみつぶしに当たっていたのである（そこまで両親がぼくの身を案じてくれたのはありがたかったけれど）。暗くなってもぼくが帰らないので両親が死ぬほど心配するなんて、ぼくは正直、思いもしなかった。でも、帰宅してからが大変だった。何度もくり返し、その晩寝るまでドヤされつづけたのだから。

しかしである、ぼくの〝不法侵入〟は結果的には報われたのだった。というのも、その週、両親はぼくにブランディをプレゼントしてくれたのだから……ああいう騒ぎを二度と起こさないように。

あの頃は、両親が遠出をするたびに父方の祖母がぼくのお守りをしてくれるのが慣わしだった。この祖母は、第二次大戦中にスコットランドで育った人だった。頑固者だとは言わないけれど、この祖母がだめだと言ったら何でもだめなことは、ぼくも承知していた。実のところ、ぼくはこの祖母が大好きだった。二人の間には何の問題もなかった。ぼくが祖母になついていたからこそ、両親は安心して留守のあいだ、ぼくを祖母に預けたのだと思う。

ある日、両親が遠出して祖母がわが家を預かっていたとき、ぼくはお隣りの家に遊びにいった。その日はどういうわけか、ブランディを一緒につれていくのを祖母が許してくれなかった。ブランディはきっと悲しむだろうと思ったのだが、祖母にたてつくわけにはいかない。仕方なくブランディを置き去りにした。

怒ったような目でぼくを見送るブランディ。それが、生きているブランディを見た最後の瞬間だった。

ぼくはすぐお隣りにいたので、他の子供たちとキャッキャと遊んでいる声がブランディにも聞こえたはずだ。それでブランディはもう居ても立ってもいられなくなった。どうにかして、ぼくと一緒に遊びたかった。お隣りとの境のフェンスを跳び越してしまえば、それが可能になる。で、ブランディが思い切ってフェンスを跳び越そうとしたところ、首輪が支柱に引っかかって、首吊り状態になってしまったのである。

幸い、その瞬間のありさまを、ぼくはこの目で見てはいない。後で、両親に教えられたのだ――それでも、何が起きたのかを知ったときはものすごいショックだった。この本を読んでくださっているのは動物好きの方だろうから、こういうエピソードは苦手だろうと思う。と同時に、ブランディを家族同然に思っていたぼくにとって、この一件がどんなにつらかったかも、お察しいただけるだろう。

愛するペットが車にはねられた、というような悲劇を味わった方は、大勢いるにちがいない。その苦痛は想像するに余りある。でも、あのときのブランディの死に方は悲惨すぎた。両親から聞いたその光景は、頭にこびりついて離れなかった。かけがえのないブランディが、ぐったりとフェンスにぶらさがっている――。ぼくと遊びたい一心がそうさせたのだ。たまらなかった。

子供の頃の記憶はだいたい曖昧模糊《あいまいもこ》としているのに、この事件の記憶だけはいまも鮮明に頭に焼きついている。それは、自分が未来永劫《みらいえいごう》失うはずがないと思い込んでいたものを失った悲しみ、生まれて初めて味わう傷心の記憶だ。子供の頃は、愛するペットの寿命が不当に短いことなどあまり意識しない――この子はこの先もずっと一緒にいるものと信じ込んでいる。もしかしたら十四、五年先には別れのときがくるかもしれないと、心のどこかで予感していたとしても、まさか現実のものになるとは考えてもいないはずだ。いまでもブランディのことを思うと、つい涙ぐんでしまう。

子供の頃の記憶を占めているのは、たとえば両親と楽しんだ休暇であったり、近所の湖の周辺を自転車で走りまわった思い出だったりする。それと、そう、あの腕白デニスのようにご近所一帯を探索してまわった思い出とか。そのなかにあってブランディの死は、あの、身のよじれるような悲しみの記憶、あの子をフェンスに飛びつかせてしまったのは自分なんだという思いと一体となって、ある種鋭い喪失感として、いまも自分のなかにある。

あれから数か月というもの、真夜中にハッと目をさましてはブランディの名前を呼んだものだった。そして、あれが悪い夢ではなく事実なのだと覚って、こらえようもなくすすり泣いてしまう。ブランディはまぎれもなく死んでしまった。こちらの不注意のせいで。自分を必要とする動物がいたら、もう決して見捨てまいと固く決意したのはあのときだったと思う。

はっきり言ってしまおう。ぼくは救いがたいほどの動物好きなのだ。そしてそれは、ときに厄介な問題を引き起こしてしまう。

運命を変えた一通のメッセージ

エスターがやってくる前、トロントの、広さ90㎡のわが家には、すでにして男二人、女一人、犬二匹、猫二匹が暮らしていた。平屋のこの家の間取りは3LDKで、ダイニング・キッチンはリビングも兼ねていた。三部屋のうち一部屋はぼくとデレクのもの。もう一部屋はぼくらの友だちのクリスタルのもの。残りの一部屋は、三人が時に応じてそれぞれの必要を満たすオフィスとして共同利用していた。ぼくは本職の不動産業の打ち合わせ等に使っていたし、プロのマジシャンであるデレクは仕事関連の電話をかけるのに使っていた。クリスタルは学位論文を仕上げる勉強部屋として使っていた。しかも、この部屋の広さときたら、4×3mときているため、クリスタルが望む平穏さはしばしば失われることになった。しばしば失われるということは、ほとんど存在しないということだ。

わが家で一台しかないテレビは、リビングに置いてある。ところがこのリビング、あまりに手狭《てぜま》なため、たまたま三人が同時にテレビを見たくなったときなど、全員が椅子にすわり切れなくなってしまう。それに加えて、二匹の犬がいる。このワンコたちものんびりと椅子で寝そべりたがる――〝早いもの勝ち〟のルールがある以上、このワンコたちを追い払うのはフェアとは言えない。したがって、たいていは人間のメンバーの一人か二人が――よくてせいぜいクッションを腰に当てて――床にすわることになるのだった。

わが家では洗面室兼トイレも一つきりだから、こういう状況でルームメイト（とか、なお恐ろしいことに、ちっちゃい子供たち）と一緒に暮らした経験のある方なら、どんなに熾烈《しれつ》な競争が展開されるか、おわかりいただけると思う。朝、目をさまして廊下に足音が聞こえたら、すぐにもその足音の主をだしぬこうと、パッとベッドから飛びだす。さもないと、最初に飛びこんだ人物が用を足すまで二十分は待たされることになるからだ。その〝用〟の種類によっては、もっと待たされることだってある。それが、こういう狭い家で共同生活をする場合につきものの難題の一つだ。しかも、三人のスケジュールが最悪のかたちで一致してしまうケースもしょっちゅうある。クリスタルが急いで仕事か学校にいかなければならないとか。ぼくが緊急の商談に駆けつけなければならないとか。デレクが急にマジック・ショーに呼ばれるとか。すると、三人が三人とも、一つしかない洗面室に飛びこまなければならない。だれかが必ず急いでいるし、だれかが必ず小用を足したがっている――。

洗面室レースのポール・ポジション争いをしていないとき、こんどは小さなリビング・ダイニングでぶつかってしまう。だから、三人はお互いになんとか残る二人に空間的余裕を与えるよう努力していた。デレクがオフィスにいて、クリスタルが自分の部屋にいるとき、ぼくはたいていラップトップ・パソコンをリビング・ダイニングに持ち込んで使っていた。

ある日、フェイスブックに一通のメッセージが届いたのも、ぼくら三人がそういう戦略配置にあるときだった。メッセージの主は、中学時代に何度かデートしたきり、この十五年間すっかりご無沙汰していた女性だった。

こんちは、スティーヴ。あんたって、超動物好きだったよね。あたし、いまミニ・ブタを飼ってるんだけど、もう一匹のペットのワンコとそりが合わないの。それにあたし、赤んぼを生んだばかりだから、このミニ・ブタ、飼い切れなくなっちゃったんだ。

リビングにいるのはぼく一人。文面を見たとたん、頭がぼうっとしてしまった。思わず周囲を見まわしていたかもしれない。他にもこのディスプレイを見た者がいないか、ぼくのニンマリした顔を見られなかったかと思って。ミニ・ブタだって？　あの、育っても小さいままの？　素晴らしいじゃないか。ミニ・ブタを欲しがらないやつなんて、いるだろうか？

あとから振り返ると、たしかに怪しいメッセージだった。なにせ相手は、この十五年間、口もきいたことのない女性なのだ。いい機会だから白状しておこう（どうせ後でわかることなのだし）。ぼくという人間は、いとも簡単に人を信じてしまうたちなのである。ついその場の雰囲気にのせられてしまう。そのときにしても、〝おい、なんだか怪しいぞ、このメッセージ〟とは考えなかった。代わりに、ぼくという人間はこういう思考回路をたどってしまう――〝へえ、アマンダからだ。よくぞぼくを覚えててくれたな！〟。そのメッセージが漂わせる怪しげな匂いになど、まったく気づかない。あのアマンダがぼくにミニ・ブタを提供しようとしてくれている、素晴らしいじゃないか、と、感激してしまった。

写真は添付されていなかった。こちらは当てずっぽうで判断するしかない。でも、写真などなくとも、ぼくはもう舞いあがっていた。〝そうだな、ちょっと調べてから返事をするよ〟とは答えたものの、自分の気持ちが動いているのはもうわかっていた――問題は、どうやってそれを実現させるか、だった。

たとえミニ・ブタだろうと、ブタを一匹、わが家に引きとるとなると大ごとだ。わが家にはぼくのパートナー、デレクがいる。それから、クリスタルという女性のルームメイトも。何匹か、他のペットたちも。それに加えて、つい数か月前、ぼくはデレクに無断で新しい猫を引きとってしまったという前科もある。お察しの通り、一件落着するまでは大変だった（悪いのは完全にぼくなのだから）。

そう、この件はごく慎重に進めるに限る。ぼくがデレクに無断で何かこそこそやろうとしている、という風には見えないようにしなければ。もちろん、これはだれが見たって、ぼくがデレクに百パーセント無断で、こそこそやろうとしていることなのだけれど。とにかく、肝心なのは、ぼくが好きこのんで、積極的に動いたわけではない、というふうに見せかけること。たとえば、このブタがその……気がついたらそこにいて、とか。

気がついたら、ブタがそこに？　おいおい。

数時間後、アマンダからまたメッセージが届いた。

このブタが欲しいって人が他に現れたの。
ぐずぐずしてると、その人にやっちゃうよ。

目端《めはし》のきく人なら、これは露骨な煽《あお》り戦法だとすぐ見抜いただろう。ぼくもふだんは目端のきくほうなのだ、なにせ不動産業で食べているくらいだから。ところが、ぼくという人間には、何か欲しいものがあると手に入れたくてたまらなくなるという悪癖がある――ぼくのIQが急降下するのはそういうときだ……どのくらい落ちるか？　たぶん、ゼロになるまでじゃないかな。

このブタ、絶対に他人に渡したくはないと思った。

どうしてだかは、わからない。その小さなブタをまだこの目で見てもいないのに、他人にとられそうだと思うと、もう居ても立ってもいられなくなった。最初は、決めるまでにもっと時間があると思っていたのだ。一応ミニ・ブタについて調べたり、デレクと――場合によっては――相談したりする時間くらいはあるんじゃないかと思っていた。まさか、わずか二時間以内にイエスかノーかの決断を迫られようとは。でも、どうしようもない。しかも相手は、だれか別人にミニ・ブタをあげちゃうぞ、と脅してきている。こうなってはもう踏み切るしかない。深く考えもせずに、そのブタ、もらうから、とぼくはアマンダに告げた。ぼくの不動産業の正規の事務所は町中にある。その場所をアマンダに教え、翌朝、そこで会うことにした。

アマンダが別の競争相手に掛け合うのを防ぐには、こうするしかないのだ——ぼくはそう自分を納得させていた。あくまでも、その新しい競争相手なるものが実在すると、仮定しての話だけれども。人を信じやすい男——別名、とろいカモ——は、こうだから困る。

それはともかく、ぼくはアマンダと会うことになった。幸い、ちょっとした宿題をこなす時間くらいはある。ミニ・ブタについては、何も知らなかった。いったい、どんなものを食べるのか。どのくらい大きくなるのか。さっそくインターネットで調べてみた。

〝純粋に生物学的に見て、ミニ・ブタなるものは存在しない〟とする記述がいくつかあった。それこそは赤信号だったのに、ぼくの目はアマンダへの盲信（それと、突然湧いた、ブタをペットにしたいという衝動）によって濁っていた。アマンダは見ず知らずの女性ではなく、昔、一緒に学校に通った友だちだ。そのアマンダが旧友のぼくに声をかけてきたのだ。アマンダがミニ・ブタだと言うなら、そうにきまっている。だって、アマンダが嘘をつくはずなど絶対にないから。

インターネットで見つけた〝純粋に生物学的に見て……〟という記述が唯一ひっかかったけれど、ミニ・ブタに関する他のもろもろの説明はうっとりするくらい魅力的だった。ミニ・ブタは成長しても三十キロ程度にしかならないという。いま飼っている犬のシェルビーと同じくらい。ということは、シェルビーがもう一匹増えたと思えばいい。そう、かなり太めのシェルビーがもう一匹増えた、と。これならどうってことない。しかも増えるのは、犬とは大違いの動物なのだ。なんといったって、ブタなのだから！

なんてちっちゃいんだろう！

翌日、ぼくはデレクに、きょうは車で二時間ほど北に走ってキンカーディン・スコットランド・フェスティヴァルにいってくるから、と伝えた。キンカーディンとはオンタリオ州の州都だ。計画では、家を出たらすぐ町の事務所でアマンダと会うつもりだった。そこで〝ブタのプリンセス〟と対面し、よし、いけそうだ、と思ったら即、家につれ帰る——。

キンカーディンには実際にいくつもりだった——その部分は嘘ではなかった。このフェスティヴァルへの参加は、あの運命のメッセージが届く二週間前に決まっていたのだから。ミニ・ブタの話がもちあがって予定が変更されたわけだけれど、おかげでうまく話を運ぶ目途も立った。ぼくはデレクにこう言おうと思っていた——いや、キンカーディンから帰る途中、道端でこのブタと出会ったんだよ。

だって、そういうことってあり得るんじゃない？　これだけ長く一緒に暮らしてきたわけだから、デレクも頭から疑いはしないだろうし。ぼくが大の動物好きなことは、デレクがいちばんよく知っているわけだし。それに、デレクの断りなしにぼくが動物を家につれてきたことは、これまでに何度もあったわけだし。

ぼくはフェスティヴァルに向かう途中の道筋にあるホテルに目をつけて、一室を予約した。こういう計画だった――第一日目、ブタを手に入れたらそのホテルの部屋に数時間ほどかくまう。こちらはその間ビールを何杯かやりながら、デレクにすんなり受け入れてもらうための戦術をしっかりと練る。外に出かけて友人たちに手を貸してもらう相談をし、夜になったらホテルにもどって、その晩は可愛いブタと一緒にすごす。翌日は帰宅の時間までそうやってすごし、満《まん》を持《じ》してブタと一緒に帰途につく。そこで完璧に練りあげた作戦を敢行する（そうなんだ、ときとしてぼくの作戦計画は『オーシャンズ11』の銀行強奪計画より精密でね）。

ところが、である。ひとたびエスターを見てこの胸に抱きしめたとたん、そんなまどろっこしい計画は吹っ飛んでしまった。

いや、話を急ぎすぎた。元にもどそう。

アマンダが車で着いたとき、ブタの姿はどこにもなく、ただフランネルの毛布でおおわれた洗濯かごが助手席に置かれているだけだった。ぼくはアマンダと一緒に車の助手席側にまわった。アマンダがドアをあけて、毛布をとりのけた。

いいいい、いいいいい、と、そこにいたのである、あの子が。なんてちっちゃいんだろう。こっちをじっと見あげていた。けがれのない目で。カッワイイ。でも、ちいさなひづめに塗ってあるのは何だ？ピンク色のネイル・ポリッシュかな？　安物の、ひびわれたネイル・ポリッシュ？　可哀そうに。しかも、首にはスパンコールを散らした猫用の、古びた首輪がはめてあって、ほつれ

頭の先から尻尾まで二十センチくらい

片手で抱けるほどだった

た糸がたれさがっている。こんなにちっちゃな赤ん坊が、こんなにみすぼらしい格好をさせられているなんて。あまりに可哀そうで、あまりに愛くるしかった。すぐにもその場で抱きしめたかった。けれども、そこだと通りがかりの人に見られるかもしれないし、この子も怖がるかもしれない。また洗濯かごに毛布をかぶせて、事務所の中に運び込んだ。そこで初めてあの子を抱きあげて、ぎゅっと抱きしめた。

それにしても、なんてちっちゃいんだろう——頭の先から尻尾《しっぽ》まで、二十センチくらい。片手で抱けるほどだった。でも、正直言って、その子の見栄えはあまりよくなかった。耳が過度の日焼けで茶色く変色していたからだ。ネットでも話題になった、あの、日焼けしすぎて顔が焦げ茶色になった〝タン・マム〟だとか、映画『メリーに首ったけ』に出ていた、カリカリになるほど日焼けした女性の顔みたいだった。それでも、いじらしいくらい可愛いのである、ずぶ濡れの哀れな子犬みたいに。

実際に対面するまで、これはぶっ飛んだアイデアだぞ、とぼくは思っていた。なにしろ、ブタをペットにするのだから。実に愉快じゃないか！　でも、いざあの子を目にしたとたん、そんな浮かれた思いは霧消《むしょう》してしまい、怒りが先に立った。なんてひどいことをするんだ、この子をこんなふうに扱うなんて。ちいさな腰骨も浮き出ているし、それにあの耳！　あれをなんとか治してやらないと。そしてぼくは覚ったのである、自分はもうこの子に首ったけだと。

「この子ね、生後六か月もたっていて、これくらいの大きさなんだよ、ミニ・ブタだから。

避妊手術もちゃんとしてあるからね。ほら、〝キジジ〟ってインターネットのマーケットがあるじゃん、あそこにのってたブリーダーから買って、きょうで一週間なんだ」そうアマンダは説明した。

子ブタを扱うその手つき、その話しっぷりから、アマンダがこの子に一片の愛情も抱いていないことはすぐに見てとれた。それ自体、ひどいじゃないかと思ったし、ぞっとした。もしこの子をぼくが引き取らずにアマンダに持ち帰らせたら、この子にいったいどんな運命が待っているか、わからなかった。

選択の余地はなかった。

おかげで、すべてが一変してしまった。今後の人生プランという大計画はむろんのこと、デレクをどう納得させるかという卑近《ひきん》な計画までが。デレクを落城させるために練った周到な手順も、霧消してしまった。それもこれも、ただひとえにこのブタに惚《ほ》れ込んでしまったがために。対面してからまだ十二分くらいしかたっていないのに、ぼくはもうその子に本能的な愛情を抱いてしまったのである。その子をホテルの部屋に置き去りにして、自分だけフェスティヴァルで遊びほうけるなんてとんでもない、と本能は告げていた。この子は赤ちゃんなのだ。ぼくの介護を必要としているのだ。

北に向かう旅は取り止めることにした。その結果、デレクに対して二つの説明を用意しなければならなくなった。一つ、ぼくはどうしてキンカーディンにいかなかったのか？　二つ、どうしてミニ・ブタなんかを家につれ帰ったのか？　最初の計画では、ぼくは心優しいヒーローになるはずだった。〝ぼくはこのミニ・ブタを救ったんだよ！　もちろん、家につれてきたくはなかったけど、他にどうしようもないじゃないか？〟

この戦術には絶対的な自信があった……ところが、運命の女神にみごと足をすくわれてしまったのである。

最初の計画では、ホテルに一泊して何人かの友人たちに根回しをし、作戦に十分磨きをかけるつもりだった。でも、あの子の可愛さにノックアウトされたのが運の尽き、すぐにでも家につれ帰らずにいられなくなった。当然、デレクにもその日のうちに釈明しなければならず、その手順を考える時間は数時間に限られてしまった。

まさにそのときから、本物のプレッシャーがかかりはじめたのだった。

まず、キンカーディンでぼくを待っている友人たちに電話して、そちらにいけなくなったこと、その理由を告げた。これがウケたのなんのって。デレクが血相変えるのは必至と読んで、事の成り行きを逐一知らせてくれとみんなは言う。そして二つの要求を出してきた。一つ、そのミニ・ブタの写真を送ること。二つ、デレクがカンカンに怒った顔を写真に撮って送ること。

次にぼくは親しい友人のエリンとウォリーに電話を入れた。その夜帰宅したら、特別のディナー、〝ぼくとミニ・ブタを許してくれディナー〟をセットしようと企てたのだが、それに必要な食材の買い物をするあいだ、二人にブタの面倒を見てもらいたかったのだ。ただし、〝ブタの面倒を見てほしい〟とは言わずに、〝ちょっとのあいだペットを預かってほしいんだ〟としか電話では言わなかった。だから、ぼくが彼らの家に現れるまで、どんな動物を運んでくるのか、二人は知らなかったのである。

で、あのちいさなブタがトコトコとキッチンに走り込んだ瞬間、エリンは呆気《あっけ》にとられて目を丸くした。アングリとあいた口から最初に飛びだした言葉は、「あなた、気はたしか？デレクに殺されるわよ」だったと思う。ハイスクール時代、エリンはデレクとデートした仲だったので、彼の気性はよくわかっていたのだ。

ショッピングをすませると、ぼくはミニ・ブタを引きとった。車の助手席にちょこんとすわったあの子は、どこかそわそわとして落ち着きがなかった。ぼくは優しく話しかけたり体を撫《な》でたりしながら、狭い間道伝いにわが家に向かった。無事に家に着くと、あの子を中に入れて二匹の犬を外に閉めだした。リビングであの子と向き合いながら、そうだ、何を食べさせればいいんだろう、と考えた（一連の騒ぎにとりまぎれて、ブタの主食は何か、それをどこで入手すればいいのか、じっくり考える間もなかったのだ）。で、とりあえず、レタスやドッグフード、トマトなど、何でも頭に浮かんだものを与えた。気に入ってくれたのはレタスとウサギ用の餌だった。

あの子がいくらかでも空腹を満たしたのを確かめると、こんどは家の中の掃除とディナーの用意にとりかかった。これから時間をいかに有効に使うか。いちばんいいのは、徹底的な掃除をすませてから素敵なディナーを準備すること、そして、ある種ロマンティックな雰囲気のもとでデレクを迎えることだと思った。ブタがリラックスできるように、まず二匹の犬を遠ざけた。二匹の猫は、いかにも猫らしく、最初にちょっと好奇心を示しただけで、あとは無関心だった。

すこし落ち着いたところで、二匹の犬とブタを対面させた。最初はあの子をしっかり押さえて、犬が近づきすぎないように注意した。二匹の犬、シェルビーとルーベンは、人間の子供や動物の赤ちゃんを見るとやたらと興奮するたちだから、最初は唸《うな》ったり飛びまわったりで大変だった。あの子のにおいをクンクンとかいだり、ぺろぺろ舐めたりもさせてから、あの子をいったん廊下の奥のオフィス代わりの部屋に隠すことにした。新たな家族のお披露目は、デレクをいい気分にさせてからのほうがいいと思ったからだ。犬や猫もすこし混乱しているようなので、最初はみんな離れ離れにさせておくことにした。

あの晩、ぼくは最小限の時間を最大限有効に使って、手際よく掃除をすませた。それからデレクの好物のスペシャル・ディナーをこしらえた。手作りのガーリック・フライを添えた、

レタスとウサギ用の餌で
おなかがいっぱい

なんてちっちゃいんだろう！

チーズとベーコンのスペシャル・バーガー。舞台は整った。グラスにはワインをついだ。すこしでも雰囲気を盛りあげようと、ロウソクにも火をともした。そしてぼくはデレクの帰りを待った……。

第二章

大きな秘密

午後の八時半頃だった。おそらくデレクは長い一日、マジック・ショーに出ずっぱりで疲れ切っているだろう。こんな重大ニュースを発表するのに適したタイミングではないかもしれないが、やるっきゃない。とはいえ、ぼくがどんなに楽しげな演出で彼の帰宅を迎えようとも、ぼくが家にいるということ自体が〝悪事露見〟の導火線になっていた。こちらはその日フェスティヴァルに出かけているはずなのだから、ぼくの車を見たとたん、何か変だな、とデレクは首をひねるにちがいない。そう考えると、気が気ではなかった。

それこそ塵《ちり》一つ落ちていないように家中を見てまわりながら、ぼくはいろいろな可能性を考えていた。あらゆるシナリオを想定してデレクの反応を予測し、打つ手を考える。そうか、チェスのゲームって、きっとこんな感じなんだろうな、と思った。敵の次の手を読んで、こちらの打つ手を決める。高等な戦術を駆使するウォー・ゲームってやつだ。だからこそぼくには、チェスは向いていないのだ。それにだいいち、デレクは〝敵〟ではない。敵の駒ではなくぼくのパートナーであって、だからこのゲーム、勝敗の分かれ目は、果たしてぼくとデレクの両方ともがハッピーになれるかどうか、なのである。さて、どうなることか。家の中を歩きまわりながら、最善の結果、最悪の結果、あらゆるケースを想定しているうちに、わが家の私道にデレクの車が入ってくる音がした。ぼくは一つ、大きな深呼吸をした。

「なんだ、何をやらかしたんだい?」

デレクが家に入ってきた。そして周囲をぐるっと見まわしたとき、もう彼の頭の中で警報が鳴り響いているのがわかった。家中、ピカピカに掃除されているのが、まず引っかかったのだろう。日頃から、ぼくらはだらしないほうではない。といっても、毎日デレクが帰宅すると、まるで不動産屋が家の購入希望者に見せびらかすように家中きれいに片づいているわけではない。ぼくはいつも良きパートナーであろうと最善を尽くしているし、家事もかなりこなしている。でも、掃除と料理だけは苦手なほう。これはぼくの得意技とは言えないのだ。とりわけ、掃除のほうが。デレクによく言われるのだが、ぼくの通った後にはいつも壜《びん》の蓋《ふた》やら栓やらメモ用紙やらが落ちている——どこにいこうと通った跡が歴然としているので、現場検証など楽なものだという。〝うん、やつはそこで帽子を脱ぎ、そこに鍵を置いたんだな。それからあそこにすわって、テレビを見ながらビールを飲んだのにきまっている〟。

それなのにこの夜、わが家はいつでも売りに出せるほどきれいに片づいていた。それだけでも変なのに、料理嫌いのぼくがディナーまで用意していた。わが家では料理はデレクの役目で、それにはちゃんとした理由がある。ぼくがごくまれにキッチンに立つのは、何かしら挑戦意欲を刺激される変てこなレシピを見つけたときに限られていて、それも九十九・九パーセント、みじめな失敗に終わってしまう。まさしく、あのソーシャル・メディアの一つ、〝ピンタレスト〟の掲示板の写真で笑いものになる、とんでもない料理の失敗例のように。それなのにその夜のぼくは、なんとかこしらえられる唯一のご馳走を用意して、何食わぬ顔で立っていたのである。

これほど明白な犯罪証拠は、そうめったにあるものではないだろう。

デレクは片手にマジック・ショー用の鞄、もう一方の手にショーで使うウサギのケージを持っていた。家に入ってから十五秒もたたないうちに、その顔には不審の色が浮かんだ。何か深刻な問題が起きたことを早くも察知したのだ。

「なんだ、何をやらかしたんだい？」デレクは言った。

ぼくはさりげなくワインのグラスを手渡そうとしていた――ぼくらの暮らしを根本から揺るがしそうな事態をもたらしたことなどおくびにも出さずに。だが、〝何をやらかしたんだい〟という問いかけが頭に響いたとたん、冷静さの仮面はあえなく剝がれ落ちてしまった。さあ、何か答えろ。あのリハーサルを生かすのはいまじゃないか。こんなに単純な問いかけなのだから、答えるのも簡単だろうと人は思うかもしれない。ところが、あれだけ周到に築いたはずの防御態勢は、あっさり崩れてしまったのである。

あの悪名高きボクサー、マイク・タイソンはかつてこううそぶいたことがある――「どんな戦術を練っていようが、口に一発かませばおしまいよ」

ぼくは別にタイソン氏のファンではない。でも、その一言には真理が宿っていることを認めざるを得ない。とにかく、しょっぱなからデレクが不審そうに眉をひそめ、目をすぼめようとは思ってもいなかったのだ！　ひょっとすると、デレクはエリンとウォリーに会ってきたのかな、と思った。あの二人にはきつく口止めをしておいたのだが、必ず守ってくれるとは限らない。あなたね、覚悟なさいよ、とエリンがデレクに警告していたとしたら、どうだろう？　わからない。

「いや、きょうはね、予定を変更したんだよ」ぼくは言った。「わざわざあんな遠くまでいく気になれなかったんだ。フェスティヴァルを楽しもうって気分でもなかったし」

「なるほどね」デレクは答えた。その顔にはごく微《かす》かに、薄ら笑いのようなものが浮かびはじめていた。まるでぼくが、あの人気テレビ料理番組〝フード・ネットワーク〟から特別番組を任されたぜ、とでも報告したかのように（いや、実際、もしあの番組のプロデューサーにコメディのセンスがあれば、もっと面白いと思うのだが）。

ぼくが前からキンカーディンにいきたがっていたことは、デレクも知っていた。この週末を、ぼくがすごく楽しみにしていたことも承知していた。

ぼくが嘘をついていると、彼はそのとき見抜いたのだと思う。

次の瞬間、練りに練った嘘をぼくが連発しようとする間もなく、デレクの目が何かをとらえた。廊下の奥を見すかしたデレクは、シェルビーとルーベンがオフィス代わりの部屋の前にちょこんとすわって、フレンチ・ドアの隙間から中を覗いているのに気づいたのだ。ふだん、そのドアが閉まっていることはめったにないし、ワンコたちがその前にすわっていることもまずない。

で、デレクは覚《さと》ったのだと思う、ぼくが言葉巧みに隠蔽しようとしている問題の根源が、廊下の奥に存在することを。ぼくはとっさに言い逃れの言葉を探そうとした。が、すでに頭が真っ白になっていた。それにデレクという男は、こちらが――明らかにワインの力を借りて――彼の注意をそらそうと躍起になっているあいだ、おとなしく耳を傾けているタイプではない。ぼくは恐怖で金縛りにあったように棒立ちになっていた――数秒後にはわが家の新しいメンバーの存在が発覚してしまうと覚悟して。

デレクは廊下を突進した。待ってくれと叫びつつぼくも後を追った、ワインをこぼすまいとグラスを前に突きだしながら。

デレクがパッとドアをあけ放った。そして、片手で戸口の木枠を押さえ、もう一方の手で取っ手を握ったまま、棒立ちになった。彫像のように、身じろぎもせずに。喜び以外のあらゆる感情がその顔をよぎった。こちらを振り返ろうともしなかったが、本当はぼくを睨《にら》みつけたかったのではないかと思う。ブタをじっと睨みつけながらもデレクはちらちらと周囲も見て、状況をつかもうとしている。その顔にはショックと恐怖と怒りが交互に浮かんだ。さぞ動揺するだろうとは思っていたが、ここまでとは予想していなかった。もういつ、あのブタを追いだせ、と怒鳴られるかもしれない。この先どういう場面が展開されるか、予想もつかなかった。デレクの両親は、何かというとドラマティックに振る舞う才能がある。だから、

こちらを見て、フゴ、ンゴと挨拶する

デレクも怒りを爆発させて外に飛びだしていくか、それとも、意外や意外、ほう、こいつは傑作だな、と言ってにんまりするか、見当もつかなかった（もちろん、後者の線は楽観的にすぎるし、あり得ないシナリオだとは思うけれど、でも、希望なくして何の人生だろう？）。で、実際にデレクが何と言ったかといえば、「ふん」だった。「おれの家にブタとはね。これはこれは」

そしてあの子は、あのミニ・ブタは、ちいさな足で部屋の中を駆けまわっていたのである。それまでとは一変した環境に置かれたわけだから、あの子が怯えていたのは無理もない。それまでも、ぼくがドアをあけて覗くたびに、あの子は反射的に逃げだそうとした。ところが、ちいさなひづめがウッド・フロアの上ですべるものだから、あのアニメのロードランナーみたいにやみくもに足を動かして、その結果、ツーッと滑走してしまう。料理の合間に覗いてみると、きまってそうだった。まず、あのちいさな足に全力をこめる。で、ほんのわずか前進するのだが、すぐに足をすべらせてしまい、どうにかこうにか隠れる場所を見つける。椅子とか、ケージとか、ぼくの書類キャビネットとか。そのうち、あの小さな鼻が突きだされ、こちらを見て、フゴ、ンゴ、と挨拶するのだ。可愛いったらなかった。

ぼくは祈っていた、デレクもまた、目の前の生き物がどんなに可愛らしいか、気づいてくれますように、と。

でも現実には、もちろん、ぼくがしたこと、あの子がここにいる理由、ぼくが企んだことをデレクが覚るまでには一秒とかからなかった。新たなペット。わ、が、家、にまたしてもペットが増える――しかも、あろうことか、それはブタときている。

デレクの中で、めらめらと怒りが燃えたぎったとしても、責められない。ぼくが、ええと、あの、と釈明しようとする間もあらばこそ、デレクはこっちに向き直った。

「だめだ。絶対だめだからな、またペットを増やそうだなんて。しかも、ブタを飼おうだなんて、とんでもない。そんなスペースはもうないよ、この家には！」

怒鳴り声は途中から笑い声に変わった。こういう思いが頭に湧いたみたいに――〝こいつは冗談にきまっている。スティーヴのやつ、おれをひっかけようとしてるんだ。いくらスティーヴでも、ここまで馬鹿ではないはずだ〟

（でも、神さま、ぼくはそこまで馬鹿なのだ）

そのうち、デレクも現実に目覚めた――〝そうなんだ、スティーヴのやつは、ここまで馬鹿なんだ〟

「いいか、猫のドロレスを新しく飼ってから、まだ九か月しかたってないんだぞ！」そんなこと、言われなくてもわかっているのに。「おれたち、際限もなくペットを増やしつづけるのか？　もしかして、ドロレスを飼うのをおれが仕方なく認めたときから、おまえ、次はブタだと決めていたのか？」

ふざけて言っているように聞こえるかもしれないけれど、デレクは本気で怒っていた。バタンとドアを閉めるなり寝室に直行し、マジック・ショーの衣裳を着替えはじめた。ベッドに服を投げだし、ハンガーから着替えのシャツをむしりとり、引き出しをガタン、バシンと開け閉めする。まさしくデレクの家系に連綿《れんめん》と受け継がれているドラマティックな振る舞い。

ぼくは寝室の戸口に近寄った。〝でもさ、ほら、悪い面ばっかじゃないわけだし〟という、これまでにも実績のある懐柔《かいじゅう》の仕方を実践しようとして。けれども、今夜のデレクの逆上ぶりは特別だった。おまえはどうしようもない馬鹿だ、無責任なやつだと怒鳴り散らし、自分に無断でこんなことをするなんて、と居丈高《いたけだか》になじる。それに——これはそのとおりなのだが——ブタの飼い方なんて二人とも知らないじゃないか、とも指摘した。ぼくのほうから言い返せる唯一本当のこと、前向きな指摘はこうだった——「でも、あの子はミニ・ブタなんだぜ！　あれ以上大きくならないんだから！」

まあ、すくなくともその時点では、それは嘘ではなかったのである。ぼくは心からそう信じていたのだから。

翌朝、目をさましたデレクの仏頂面は、前夜と変わらなかった。あの子のほうは見ようともしないし、さわろうともしない、完全な無視だった。それから二日たってようやくあの子にさわったのだが、それもぼくがむりやりあの子を押しつけたからだった。デレクはこういう脅しもかけてきた——「とにかくな、どうしてもあのブタを飼いたいなら、おれは出ていくから」

もちろん、それは本気ではなかった。何があってもぼくとは別れない、とデレクは常々言っていたし、ぼくもそれを信じていた。だから、あれは単なる脅し戦術だったのだ。あれでビリはしなかったけれど、家の中の空気は張りつめたままだった。

悪いのが自分なのはわかっていたから、ぼくはふだん以上に陽気に振る舞い、前向きの姿勢を崩さないようにした。これまでも、何かしら不測の事態が生じたときは——こんどの場合などまさしくそれだった——ぼくはあまり深刻にならずに、大丈夫、万事うまくいくさ、といつもデレクをなだめてきた。こうしたとき、ぼくが自分にかけるおまじないは、〝すべてＯＫ〟と〝問題なし〟。こんどもそのおまじないを、デレクを説得する努力と、こんなことでめげるもんかと自分を鼓舞する努力とに、交互に適用した。

とはいえ、これはもともとデレクが求めて招いた事態ではない。そのうちデレクも、ブタをペットにするなんてイケてるな、と思い直してくれるのでは、という一縷《いちる》の望みは日ごとに薄れていった。これは、〝頭にきたぞ、おれは〟という単純な状況ではなかった。よくあるケース、と呼べるような局面ではまったくなく、デレクの怒りはいっこうに解けなかった。最初はちょっぴりムカついても、すぐにあの子の魅力に参ってしまうさ、とぼくは最初タカをくっていたのだが、そういう徴候はまったくなかった。ぼくの予測が運だのみだったことは認めるにしろ、まさかこれほどデレクがつむじを曲げるとは予想外だった。

まずいぞ、これはまずい。このままでいくと、デレクは一方的にあの子を追いだそうとするかもしれない。そんな不吉な予感すら芽生えてきた。その予感はさらに強まって、この無情な寒空の下、デレクがあの子を外に蹴りだしたらどうしよう、などと考えてしまう。気がつくと、ぼくは事態が悪化する一方のシナリオを頭に描いていた。

何よりこたえたのは、デレクが何度もくり返したこの一言だった――〝悪いのはあのブタじゃない。おまえがおれに隠れてこそこそやったのが気に食わないんだ〟

別におれは怒っているわけじゃない、ただ落胆しているだけさ、ってやつだ。でも、現実にはデレクは怒っていて、なおかつ落胆しているわけで、それは当然のことだった。これには参った。実際、悪いのは自分なのだから、正直、かなり落ち込んだ。でも、ここで諦めなければ、なんとかいい方向に持っていけるかも、という淡い希望だけは持ちつづけた。ぼくはデレクを愛しているし、共同生活にも満足している。デレクが最初のショックを乗り越えて、騙《だま》されたという怒りも薄らげば、いずれは思い直してくれるにちがいない、という希望は持ちつづけた。

その名は「エスター」

そして、その希望は事実むくわれたのである！　愛憎と葛藤のドラマが一週間あまりつづいた頃だったろうか、待望の変化が現れた。デレクもとうとうあの子の愛らしさにギブアップしてしまったのだ。直接のきっかけはわからない。あのつぶらな瞳に氷も解けたのか、トコトコ走りまわる姿につい頬がゆるんだのか。いずれにしろ、デレクもあの子に惚れ込んでしまい、新入りのペットが与えてくれる喜びのすべてを受け容れはじめた。

猫のドロレスを押しつけたとき、デレクは最初〝まともな〟名前をつけようとはしなかった。こんども同じで、最初はあの子をインターネットのマーケット・サイトの名称、〝キジジ〟で呼んでいた。飼うつもりなんかない動物にまともな名前など与える必要はない、という考えだったのだろう。ところが、二週間後には〝キジジ〟という名前を使わなくなり、二人で相談した結果、ちゃんとした名前をつけることになった。どうせならお淑《しと》やかなブタに育ってほしいという願いから、旧約聖書に登場する聡明なユダヤ人の女性の名前をとって、エスター、がいいんじゃないかということになった。エスターと呼ぶと、あの子もすぐ反応するので、名前はエスターに決まった。

まあ、どうせデレクもそのうちエスターの虜《とりこ》になるだろう、とは思っていたのだ。デレクのやつ、口では勇ましいことを言うけれど、根は優しい男なのだから。それに、だいたい、エスターを好きにならないやつなんて、いるだろうか？　ちいさなひづめでトコトコ駆けまわるあの子には、すでにしてきわだった個性があるのだし。ありがたいことに、あの子はミニ・ブタだから、もうこれ以上大きくはならないわけだし。

ともかくもそのとき、二人はそう思っていた。なんとおめでたかったんだろう、ぼくらは。

いや、おめでたかったのは、ぼくだけだったんだが。

でも、振り返ってみると、あのときは本当のことを知らなくて、かえってよかったんだと思う。この先二人の身に降りかかる困難の数々がわかっていたら、たぶん、あの子を飼いつづけることはなかったかもしれない。現に、ぼくらは早くも、どんな飼育ガイドにものっていない作業を強いられていたのだから。〝サルでもわかる商業用のブタの家庭飼育法〟なんていう本は、どんな大型書店を探したってないわけだし。あたりまえだけども。

ブタをペットとして飼うための王道はない――ブタの飼育は〝ごくノーマルな〟ペットを飼ったり、人間の子供をしつけたりすることとは次元がちがうのだ。家庭における〝ブタ対策〟（ブタはふつう考えられているよりずっと利口な動物である）のわずらわしさなど、ぼくらはまったく知らなかった。もちろん、旅行などに出かける際に預かってもらう〝ブタの子守り役〟を見つけるのがどんなに難しいかも。昨今、猫の面倒を毎日見てもらったり、犬のホテルを見つけたりするのはごく簡単だ。ところが、いざというときに信頼できる〝ブタの保育園〟を探そうとしたって、見つかりっこない。ブタの個性だとか気分だとかを――生理前のイライラなども！――正しく把握しようとなると、これはもうお手上げだ。

ミニ・ブタを飼うことで毎日の暮らしがどんな変化を強いられるか、もし最初にだれかから詳細に聞かされていたら、ぼくはその場で両手をあげて、「やーめた」と言っていたかもしれない。でも、ぼくらはエスターの魅力に参ってしまった。エスターを愛おしむ気持ちは日ごとにつのっていったから、何か問題が生じるたびにその対処法を見つけて――もしくは、事実をありのままに受け容れて――しのいでいった。いったん好きになったら、もう後にはもどれない。エスターは家族の一員になったのだ。

でも、それがいつ公式に決まったかといえば……ある晩、夕食の席上、それまでに話し合ったどんなことよりも長期的な問題について、デレクが話しはじめた。「あの子のウンチやおしっこは、これからどうやって処理するんだ？　あの子が遊びまわれるような柵囲いは、どこにこしらえるんだい？」

それは明らかに今後を見すえた問題だった。すぐに手離すつもりのペットのために〝柵囲いをこしらえたり〟はしないから。ぼくが内心にんまりとしたのはそのときだった。よし、デレクも本当にその気になったぞ。

「ということは、あの子を飼うことにするわけね？」とろけるような笑みを浮かべて、ぼくは訊いた。答えは聞かなくてもわかっていた。陶然《とうぜん》とした安心感に、ぼくはひたったのだった。

もちろん、エスターはミニ・ブタだとだれもが信じ込んでいたときですら、ぼくらの近親者は当惑し切っていた。デレクの両親は、ぼくとデレクがカップルとして同棲することを、ようやく認める気になっていたところだったのである。そこへもってきてこんどは、ぼくらがブタと暮らすことまで認めなければならなくなったわけだ。

ブタと暮らすんですって？　しかも、ペットとして？

ぼくらは気が触れたと、思われてしまった。だってあなた、ブタは食べるものでしょ？　あんなに汚いものと、どうやって一緒に暮らすのよ！（実を言うと、ブタはちっとも汚くなんかない——ちゃんと洗ってやれば、すごくいいにおいがするくらいだ）

頭ではぼくらの力になりたいと願いつつも、途方に暮れている、というのが実情のようだった。デレクの両親がどんなことを口走ったかといえば——「あんたがブタを飼ってるなんて知ったら、お祖母《ばあ》ちゃんは目をまわすでしょうね」とか、「おまえがブタと暮らしてると聞いたら、お祖父《じい》さんは墓の中でひっくり返るぞ」とか。

そういうことを言われて、ぼくがまったくヘコまなかったと言えば嘘になる。仮に家族の支援の有無を気にかける必要がなかったとしても、人生にはいろいろと難問が生じてくるものだ。それでもぼくは、デレクの両親の許しを得ようと一生懸命努力した。デレクにとって、顔に出そうと出すまいと、両親の意見が気がかりなことはわかっている。だから、ぼくらのやっていることには意味があるんだと、思い切ってご両親を説得してくれないか、とデレクに頼もうと思ったことも、実は何度もある。でも、結局は何も言わなかった。考えてみれば、ぼくらの仲を承認するのにも、デレクの両親は大変な努力を重ねてきてくれた。ここは成り行きに任せるしかないな、とぼくは判断した。それにだいいち、ぼくらの気が触れたと世間の連中が見なすのは、もっともなことでもあるわけだし。まあ、世間の連中には言いたいことを言わせておけばいい。いずれはきっと、わかってくれるだろうから。

デレクの両親が――無理もないことだが――当惑していたのとは対照的に、ぼくの母は、万事なるようになる、という考えだった。自分の息子がありとあらゆる動物に惚れ込むのを長年見てきていたので、ぼくがある日ブタを抱いて訪ねていっても顔色一つ変えなかった。

二人の交わした約束

それはそうと、これだけは譲れない、とデレクが言い張ったことが一つある。そもそもエスターを――彼の了解もなしに――家につれてきたのはおまえなんだから、面倒な世話はそっちでやってくれ、というのだ。自分は犬を散歩させたり、その後で掃除したり――それに、ぼくが歩きまわった後の部屋を掃除したり――で、もう手一杯だという。

そのときぼくらはキッチンで、今夜のディナーは何にしようかと話し合っていた。すぐそばではエスターが、そうよね、何がいいかしらね、と言わんばかりに、ぼくらを可愛らしく見あげていた。そして、じょーっとおしっこをしたのである。これはまずい、と思った。エスターに罪はないにせよ――デレクもそれは同感だっただろう――これには手こずらされそうだった。

「ほら、まずはそれの始末」と、デレク。言われなくともそれはやるつもりだったのだが、とっさには体が動かなかった。あまりの不意打ちで、頭がしびれていたから。

「もちろん、やるさ」ぼくはペーパー・タオルをつかんで、床を拭きはじめた。

「いまだけじゃないぞ」デレクは重ねて言った。「とにかく、おれに無断であの子をつれてきたんだからな。これからずっと飼うつもりなら、おまえに責任をとってもらわないと」

「わかったよ」床に四《よ》つん這《ば》いになっている事実を、ぼくは仕草で強調した。「だから、ほら、責任をとってるじゃないか」

「あの子の散歩、通った後の掃除、それと餌やりもな」

以前、生まれて初めて子犬を飼うことになったとき、飼育のルールを父から訓示された、あのときを思いだした。いい子でいないと、せっかくの子犬をとりあげられてしまう。でも、いい子にしていれば、いつまでも手元に置いておける……。

「オーケイ、わかったよ」ぼくはにっこり笑った。

「オーケイ」と、デレク。それからしばらくのあいだ、エスターの世話のほとんどをぼくはこなした。どうってことはなかった。それでエスターを手元に置いておけるのなら、どんな汚れ仕事だってつらくはない。ぼくは喜んで仕事をこなした。

とはいえ、たとえエスターみたいな小柄なブタだろうと、家の中で放し飼いにしようとすると、トイレのしつけが容易ではない。すぐに何トンものペーパー・タオルを使うようになってしまった。これではまずい。やっぱりどこかに押し込めて排泄の習慣を覚えさせないと、という結論になった。で、まず最初に人間の小児用ベビーサークルの売り物を――因縁のキジジのマーケット・サイトで――見つけて購入した。一週間くらいは順調だったのだが、すぐに中がおしっこだらけになってしまった。

次に大型犬用のサークルを入手して、中に小さな砂箱とベッド代わりの毛布を置いてみた。これは底部がプラスティック製だったので、掃除も楽だった。とにかく、デレクに見つからないうちに粗相《そそう》の痕跡を始末し、証拠の物件は目立たないように屑箱の中に隠して、万事うまくいっているように見せかけた。ぼくとしては、ミニ・ブタの飼育は簡単至極で手間もかからない、ということをデレクに見せつけたかったのである。そのうち、こんなに盛大にペーパー・タオルを消費しつづけていると、熱帯雨林を枯渇させかねないということに気づいて、再利用と水洗いが可能なタオルに切り替えた。このほうが安上がりなだけでなく、環境保護にもずっと貢献できるはずだった。

小さなエスターの大きな秘密

エスターの面倒を見るのはぼくの責任だから、獣医のところにもぼくが最初につれていった。ブタのトイレのしつけについてインターネットで調べているうちに、たまたまその獣医を見つけたのである。ジョージタウンの北西に車で一時間ほど走ったところにある小さな町、オレンジヴィルで開業していた。しつけ方について、かなりの時間、詳細に説明してくれたのだが、そのほとんどはぼくらがもうさんざん試したものばかりだった。その女医はこうも言った――それだけおしっこが頻繁なのは、エスターちゃん、腎臓結石《じんぞうけっせき》を患っているせいかもしれませんね。腎臓結石は、ブタによく見られる病状なのだそうだ。その女医は、カレドンという町をちょっと南に下ったところで開業している別の獣医を紹介してくれた。その獣医はミニ・ブタの治療実績がかなりあるのだという。ブタは犬や猫とはちがうのだから、その経験が豊富な獣医に診てもらったほうがいいとかねてから思っていたので、女医さんの好意はとてもありがたかった。

ぼくはさっそくエスターを猫用のキャリーバッグに押し込んで、車で出発した。このバッグは、ジッパーさえ閉めれば中に何が入っているのかわからない。まさかブタが入っているなんて、だれも想像できないだろう。そもそもなんでそこまでエスターを人前から隠そうとするのか自分でも不思議だったが、要するに、人目に立って騒がれるのがいやだったのだ。いつでもチェックできるように、バッグは助手席に置いておいた。ときどきジッパーをあけると、エスターのちっちゃな目が無邪気にこっちを見あげる。あの子なりにドライヴを楽しんでいるようだった。ぼく自身は運転しながらワクワクしていた。なぜなら、獣医はきっとこう言ってくれるにちがいないと思っていたからだ――〝そうですな、たしかに結石がありますな。ま、これを治せばおしっこが頻繁すぎる問題も解決するでしょう〟。われながら、なんて能天気なんだろうと思う。でも、とにかくその日のぼくはそういうムード、完全な楽観に染まっていた。そうさ、この子のおしっこ問題なんて、たいしたことじゃない。すぐに治って、ところかまわずおしっこをする癖はなくなるさ。

そのとき、エスターはまだ本当にちっちゃかった。が、ひと目エスターを見るなりその獣医はこちらを向いて、頭をかしげた。顔にはなにやら愉《たの》しげな表情が浮かんでいた。

「で、このブタについて、どんなことをご存知です？」

なんでそんなことを訊くんだろう。なにやら不吉な感じがした。

ぼくはエスターについてわかっていることを、かいつまんで話した――ともかく、アマンダから聞かされていたことを、そのとおりに。

「なるほど。でも、いまおうかがいした話だけをとっても、辻褄《つじつま》の合わない点がありますね。尻尾をごらんなさい」

ぼくはエスターの尻尾を見た。尻尾は尻尾だ。どこが変だというのだろう。ブタの尻尾なんか見て何がわかる？　でも、とにかく、エスターの尻尾に目を凝らすふりをした。

「この尻尾は〝断尾《だんび》〟されています。つまり、切断されています」

「そうか、それでちっちゃいコブみたいになってるんですね？」

「そのとおり」獣医はつづけた。「いいですか、尻尾を切る対象はだいたいが商業用のふつうのブタで、なぜそんなことをするのかというと、大規模農園の豚舎でブタを飼うと、往々にして自分の尻尾を噛《か》んでしまう習性があるんですね。で、それを予《あらかじ》め防止するために、まだ子供のうちに飼い主が尻尾を切断してしまうんです」

なんだか空恐ろしい話だけれど、それがエスターとどういう関係があるのか、なんであの子の可愛らしい尻尾を根元からちょん切ってしまうような残酷な人間がいるのか、よくわからなかった。つまり、何を言おうとしているのだろう、この獣医は。その真意はまだはっきり明かされておらず――宙ぶらりんのまま空中に浮かんでいた。

「あなたのお友だちの説明がもし本当だとしたら、つまり、この子が本当に生後六か月のミニ・ブタだとしたら、発育不良の〝ひねブタ〟だということになります。いくらミニ・ブタでも、生後六か月たっていたら、もうすこし大きくなっているはずですからね」

ぼくは呆気《あっけ》にとられた。

「じゃ、嘘をついたというんですか、アマンダは？」まさか一杯食わされたなんて、と思いつつぼくは訊いた。「アマンダのことは、ぼく、よく知ってるんですけど」

「わたしは知りませんよ、その女性のことは。しかし、この子が断尾されているという事実を踏まえて考えてみると、この子は実のところ、まだ生まれて間もないふつうのブタの子供だと見たほうが自然だと思いますがね。でなければ、発育不良のミニ・ブタ、つまり〝ひねブタ〟だということになる」

ああ、頼むからぼくのベイビーを〝ひねブタ〟だなんて呼ばないでくれ。

「仮にその女性の言うことが正しく、この子が生後六か月のミニ・ブタだとしたら、すでに体重三十キロぐらいにはなっていなければおかしいんです。念のために申しあげておくと、ミニ・ブタとは呼ばれていますが、その類のブタでも成長すると百キロくらいになることは珍しくありません」

「なるほど。そうですか」ぼくは言った。ミニ・ブタである以上、この子がいずれ体重三十キロぐらいにはなるだろうとは、ぼくも覚悟していたのだ。でも、百キロになることも珍しくない……?

「いずれにせよ……時間がすべてを証明してくれるでしょうな」

真実を知る唯一の方法は、エスターの体重を毎日はかって、その成長カーブをグラフに記すことだと獣医は言う。ブタという動物はほぼ決まった成長カーブを描くのだそうだ。だから、エスターの成長カーブを標準の成長カーブと比べれば、正確なところがわかるというわけである。当然、エスターの正確な年齢も自ずと判明することになる。

「ま、エスターの成長ぶりを注意深く見守るのがよろしいかと」

わかりました、とぼくは答えた——百キロだ、百キロだ、と頭の中でくり返しながら。

ぐんぐんと肥大して……

それから二か月ほどは、それまでと変わらない日常がつづいた。エスターのことがもっといろいろとわかってきて、あの子と暮らすライフ・スタイルが定着していった。わが家にブタがいるんだという事実をふと意識すると、あらためて驚異の念に打たれてしまう。お客さんが訪ねてくると、あの子が駆けまわったり、いろいろなポーズで寝込む姿を見て、みんなで笑ってしまう。あの子が好きなのは、床の暖房吹き出し口に顔と手足を突っ込んで眠ることだった。吹き出し口のカバーを器用にはずして、文字どおり、中にもぐりこんでしまうのだ。

夜になると、二匹の犬と一緒に散歩につれていった。その頃、あの子はルーベンとシェルビーよりも小さかったから、道行く人がよくよく注意してみないと、ブタだと気づかなかった。ときどき気づく人がいると、立ち止まっていろいろな質問を浴びせられる。でも、たいていの場合、特に何事もなく散歩からもどってきた。散歩中に気を使うことがあるとしたら、エスターが歩道の端の草むらをせっせとほじくり返すときだった。犬のルーベンとシェルビーにはもともとそういう本能的な欲望がないから、そんな気苦労も味わったことがない。エスター相手だと、こちらもいろいろと学ぶことが多かった。が、とにかく、ぼくらはやってのけた。さほど戸惑うこともなかった。一つのファミリーとして散歩に出かけ、ファミリーとしてもどってきた。

そこまではいい。だが一方で、エスターの体が急速に肥大しはじめているのはだれの目にも明らかだった。次に獣医を訪ねることになったときには、体重が三十七キロに迫ろうとしていたのだから。それは、生後六か月のミニ・ブタの想定体重と聞かされた三十キロを優に超えていた。

心配事がもう一つあった。エスターは避妊手術ずみだとアマンダは言っていた。でも、それは本当なのかどうか。心配になって、わが家にくる以前にあの子が獣医にかかった記録をチェックしたくなった――ところが、アマンダにメールを出しても返事がこないのだ。エスターのおなかにはたしかに傷跡があって、それは手術を受けた証拠なのかもしれないのだが、

暖房の吹き出し口のカバーを、器用に外して顔を突っ込む

暖房の温かい空気を浴びながら寝るのがお気に入りだった。尻尾が“断尾”されていることもわかる

いかんせん、確かめようがない。これはエスターの今後の健康にかかわることだから、再度アマンダに問い合わせた。もしエスターが避妊手術を受けていないのであれば、いずれ将来悪性の腫瘍《しゅよう》ができる可能性があるのだ。ところが、アマンダはまたしてもこちらを無視。そのこと自体、何かを語っていた。

振り返ってみると、アマンダが意図的にこちらのメールを無視したのは、ぼくが何かに勘づいたことに気づいた歴然たる証拠だと見てよかった。ぼくはハメられたのかもしれない。それでも、怒った素振りなどおくびにも出さずに、ぼくはそれからも何度かアマンダにメールを出した。こちらはただエスターが避妊手術を受けた確証が欲しいのだ、だからエスターを育てたブリーダーを教えてほしい、と言って。その間、ぼくは一貫して楽天的であろうとしていたけれど、肚《はら》の底ではさすがに、何かがおかしいと直感していた。その時点でもまだ、エスターが商業用のブタだと認める気にはなれなかったが、アマンダの話には裏があるな、とは思った。もちろん、デレクの前では平静を装っていた。が、疑いはつのる一方だった。エスターを引きとるまではあれほど頻繁にメールをくれたアマンダが、どうしていまは……けんもほろろなのか？

アマンダが答えてくれない以上、打つ手は限られていた。あらためてエスターのおなかをあけてみるのは危険すぎるから、すでに避妊手術を受けているという希望的観測を貫くという手がある。そもそもブタという動物は全身麻酔があまりきかないので、手術をすること自体とても厄介なのだ。もう一つ、エスターがこのまま成長して生理がはじまるのを見きわめるという手もある。ただし、それはそれで面倒な副産物をともなう。避妊手術を受けていないブタが月に一度さかりがつくときは、かなり挙動が荒々しくなるらしい。とはいえ、あらためて手術をするのは試験開腹も同然だし……可愛いベイビーのおなかを切開することなんて、だれが望むだろう？

その頃になると、ぼくもデレクも心からエスターを愛していた。もちろん、ぼくはひと目惚れだったのだが、それがもっと深い、自己犠牲もいとわない愛情に育っていたのである。エスターはもう家族の一員だった。

この大切な家族の一員に、どういう道を歩ませるか。ぼくらの考えは堂々めぐりに陥った。とにかく、どちらの道を歩もうとも危険がともなうのはたしかだった。何もしないでいればエスターは月に一度、手のつけられない存在になるかもしれないし、そのときあらためて手術をしようとしたらもっと大きな危険に直面する。ブタは成長するにつれて、どんどん脂肪を蓄えてゆく。だから、手術をすると動脈や静脈を切断してしまうリスクがあり、その場合は出血源を特定するのが困難になって、結局は失血死してしまいかねない。だからといって手術を避けた場合は、あの子が将来、癌《がん》や悪性腫瘍にかかる危険を覚悟しなければならない。

これほど難しい決断もなく、ぼくらは悩みに悩んだ。そして結局、手術はしないことにしたのだが、それは果たして正しい選択だったのかどうか、いまに至っても自信が持てずにいる。

もしもミニ・ブタじゃなかったら……

この問題は必然的に、それまで口に出せずにいたもう一つの重大な問題を論議の表舞台に引っぱりだすことになった。

仮にエスターが生後六か月のミニ・ブタに間違いないとしても、この先体重百キロぐらいまで膨張する可能性があるわけだ。

それはむしろ最良のシナリオであって、もう一つのシナリオ、つまりエスターは生後六か月のミニ・ブタではなく、生まれたばかりのふつうのブタだとしたらどうなるか。あの子はこれからフル・サイズの商業用のブタに育つわけで、その場合の最終的な体重はどれくらいになるのか、想像するだに恐ろしかった。

二度目に獣医を訪ねた帰り道、ぼくはとりあえず体重百キロのブタがどんなふうに見えるのか、スマホで調べてみた。グーグルで写真を当たってみたのだ。百キロというと、相当に肥満したおばさんというところだろうか。ありがたいことに、ブタはかなり身が詰まっていることが写真からわかった。だから、その体重ほどには見かけが大きくないのだ。それでも、体重百キロというと、どう見たって相当大型のペットの部類に入る。ぼくはまた、避妊手術を受けていないブタが月に一度さかりがついて、一週間くらい盛大に跳ねまわる様を想像しようとしてみた。これはつまり、広さ90㎡のわが家の中を、重さ百キロのブルドーザーが縦横に駆けめぐるようなものだと思えばいいのだろうか？　それだけでも憂鬱なのに、そういう可能性について、デレクにどうやって説明すればいいのか？　ま、いずれはデレクもぼくの〝最新の養女〟の桁外れぶりには慣れてくれるだろうけれども、あの子がいずれぼくらよりもでっかくなるなんて考えてもいないにちがいない（ましてや、あの子がそのうち、ぼくとデレクの二人合わせた体重まで凌駕する巨体に成長しようなどとは）。

たぶん、ぼくらは周囲の人たちの反応にもっと注意を払えばよかったのだ。でも、実のところ、みんながエスターを見て、〝わっ、すごい、でっかいね！〟などと言っても、別に気にも留めなかったのである。

こういうと不思議に思われるかもしれない。でも、毎日身近に見ていたために、かえってあの子の変化に気づかなかったのだ。これは自分の体重が増えたり、あるいはあなたのパートナーの体重が増えても気がつかないのと同じようなものだと思う（ま、パートナーの変化は、気づかないふりをしたほうが安全だと思うけれども）。ぼくらの場合、何もかも初めての体験だったせいか、本当に気づかなかった。考えてみると、親友の一人のミシェルが、エスターのことを〝ボス・ブタ〟と呼んだときに、待てよ、と思うべきだった。ぼくらは頭から、そんなことは起こるはずがない、と決め込んでいたのだろう。思い込み、というやつは強力な麻酔薬なのだ。

そんなことをああでもないこうでもないと考えながら、ぼくはその日エスターと共にわが家に向かっていた。きょうこそはデレクととことん話し合わなければ。ここまできたら、それを避けるわけにはいかなかった。

この種の問題が発生した場合は、きまっていちばん無難なシナリオをデレクに話すことにしている。最悪のシナリオを話すのは、デレクにどうしても真実を知ってもらったほうがいいと判断したときだけだ。こんどの場合は、まだそこまで追いつめられてはいない、と判断した。臆病者と言われれば、すみません、と答えるしかない。

わが家に向かう途中寄り道して、デレクのお気に入りのワイン、シラーズを買った。すこしでも打撃をやわらげるために——というか、すこしでもデレクをいい気分にさせておくために。

その晩、二人はエスターを挟んでソファにすわり、エスターはクッションに頭をのせていた。避妊手術の件は、何ひとつ隠し立てせずに打ち明けて、デレクと懸念を共有した。そこからさりげなくサイズの問題に話題を移した。

「それはそうと、獣医さんに言われたんだけど、エスターはぼくらが考えていた以上に大きくなりそうなんだ」

デレクはちょっと眉を吊りあげただけで、何も言わない。ここぞとばかり、ぼくはごく控えめに、どうってことないんだけど、という調子で小出しに真実を洩らしはじめた。

「ひょっとするとこの子、ミニ・ブタじゃないのかも」

「じゃ、どういうブタなんだ？」

あのつぶらな瞳で彼を見あげたのだ

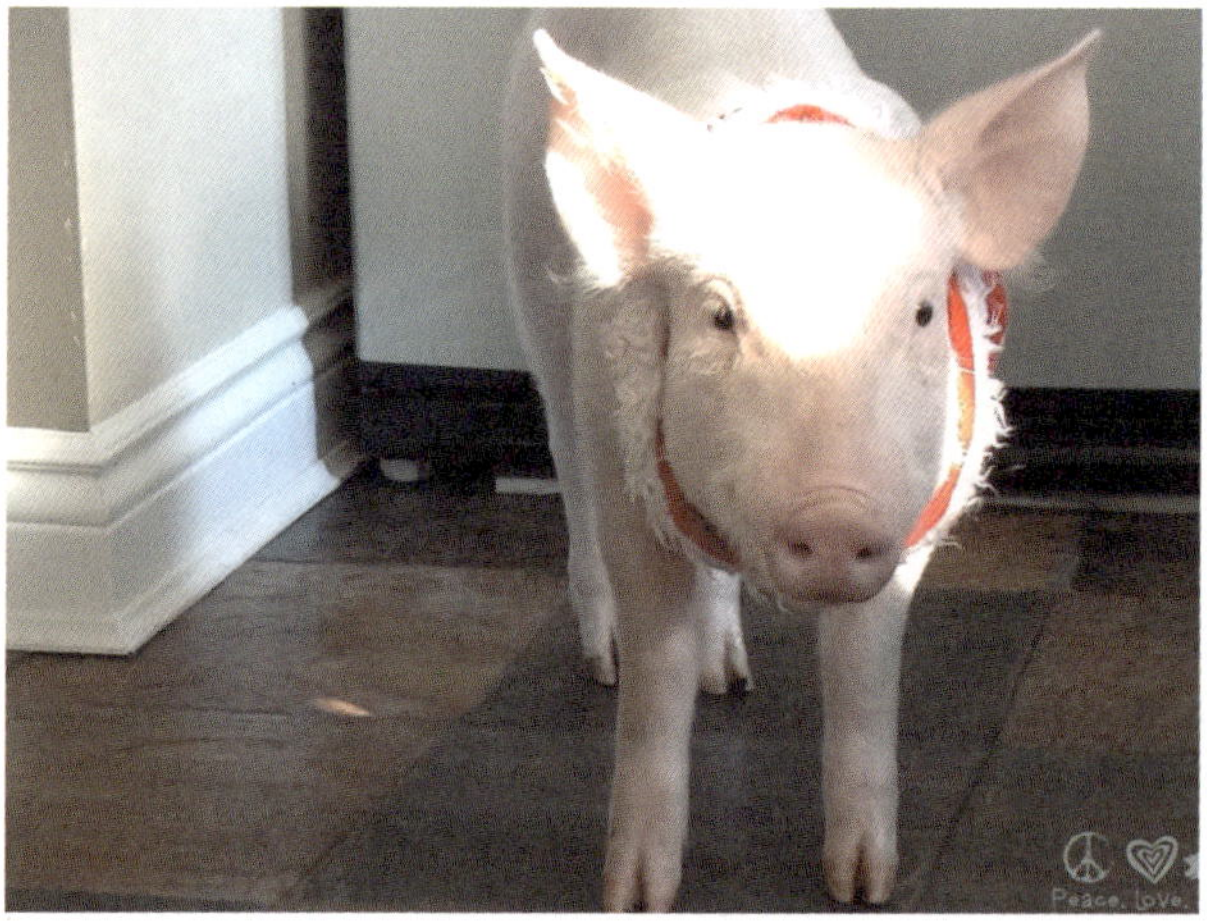

「もっと膨張したとしても平均的な大型犬程度だよ」

「とにかく、かなり大きくなりそうなんだよ。ほら、いまでも、最初にリミットだと思っていた三十キロをオーバーしているわけじゃないか」

デレクはエスターを、すでにして巨大化の兆しを見せている小ブタを、じっと見おろした。

「まあ……かなり大きくなってるよな」

「だから」ぼくはつづけた。「この際、本当のことを話しておきたいと思ってさ」

この調子でいこう。

「それはわかった。で、これからどの程度大きくなりそうなんだ？」

「そうね、四十五キロ、ひょっとすると五十キロくらいかな……ま、そんな程度だよ」

デレクはふうっと吐息をついた。こころもち肩を落としたようにも見える。怒ったというよりも、気遣わしげだった。こちらが藁《わら》にもすがる思いでいるのを、ちゃんと見抜いていた。ぼくは例によって〝大丈夫、なんとかなるさ〟というノリで話していたのだが、デレクの顔に最初に浮かんだのは、〝だから言わんこっちゃない〟という表情だった。と、そのとき、なんというタイミングだろう、エスターが顔をあげてデレクの太ももにもたれかかり、あのつぶらな瞳で彼を見あげたのだ。いいぞ、いいぞ、エスター！

デレクは思わず笑いだして、頭をふった。実を言うと、こんどばかりはデレクもキレるだろうと、ぼくは思っていた。実際、キレて当然なのだ。でも、あのときデレクが自制心を保ってくれたことに、いまでもぼくは感謝している。たしかにデレクの顔には懸念の色が浮かんでいた。が、彼は、疑わしきは罰せず、という態度を貫いてくれたのだ（ぼくは罰されて当然だったのだけれど)。それもこれも、デレクはそのとき、もう完全にエスターに参っていたせいだ、とぼくは思っている。たとえこの先エスターがどんなに巨大なブタになろうと、もう手離せない、という心境になっていたのだろう。ただし、ぼくがあのとき、獣医が明かしたエスターのサイズに関する懸念をすべて正直に話していたら、デレクが平常心を保っていたかどうかはわからない。あのときぼくは、仮にエスターがもっと膨張したとしても平均的な大型犬程度だよ、などと話したのだが、内心はビクビクしていたのである。

もちろん、そんなことはおくびにも出さなかったのだが、エスターがどこまで巨大化しそうか、おおよその見当はついていた。でも、まさか、ここまで大きくなろうとは！　この文章を書いているいま現在のエスターの体重は、三百五十キロはあるのだ。でも、そのときは、そんなことなど意に介さなかった。たとえどんなにエスターが大きくなろうと、断固飼いつづけるつもりだった。とにかく事を荒立てず、だれにも真実を気づかれないようにすること。そのとき念頭にあったのは、それだけだった。

前にも言ったとおり、思い込みとは強力な麻酔薬なのである。

心臓が破裂しそうなくらい嬉しくなる

いろいろな意味でエスターが本領を発揮しはじめたのも、ちょうどその頃だったと思う。エスターは遊ぶのが好きだった。何かというと体をすりつけてくるし、犬用のおもちゃとだって愉快そうに遊ぶ。そんなあの子を見ていると、本当に気持ちが和んだ。

ブタをペットにしたことがない人に――まあ、大部分の人がそうだろうけど――こんなことを言ってもピンとこないかもしれない。でも、ブタはたいがいの犬や猫に劣らず情が濃いし、優しいし、家族的だ（はっきり言って、ある種の猫よりもそうだ）。

小さな動物を飼って有頂天にならない人には、まずお目にかかったことがない。でも、正直に言おう。ぼくを最初から夢中にさせたのは、エスターがブタだという事実そのものだった。エスターがわが家にやってきた頃、ブタをペットにしている人はまだほとんどいなかった（いまでも犬や猫を飼っている人に比べれば、微々たる数だろう）。でも、エスターは他のどんな動物にも似ていない――実際、わが家にブタがいるということ自体、信じられなかった。

たしかに、ブタでなくとも、多少とも風変わりな動物だったら、ぼくは同じように興奮していたかもしれない。たとえば、ぼくは以前からサルがほしかった。サルをペットにしたいと熱望していた時期もある。でも、ひとたびエスターを飼って、家に帰れば可愛いブタが待っているんだと、心の中で呟《つぶや》くときの喜びと言ったら……もう、自然に笑みがこぼれてしまう。

ぼくは以前から、いろいろな動物と共生する家が最高だと思っていた。動物を知り、動物に触れ、動物と共に生きるのが夢だった。しかも、エスターが並みの動物ではないという事実が、なおのこと刺激的だったのである。

とにかく、エスターとの暮らしはあまりにも現実離れしていて、かえって新鮮だった——ぼくらにとっての〝初体験〟が数え切れないほどあったから。あの子のちょっとした仕草、トコトコと歩きまわったり、ちいさなひづめでツーッと床の上をすべったり、ガシッという音を立てて跳ねまわったり——見ていて本当に飽きることがない。愛らしいといったらない。エスターはまたワンコたちより頻繁に鼾《いびき》をかくし、おならをする。これは愛らしいとは言いづらいけれど、見ていて愉しかった。従来飼っていた動物たちには見られなかった仕草もあった。何かというと、ぼくらの手に鼻を押しつけてくる。そうするとあの子も気分がほぐれて、落ち着くらしいのだ。ぼくらがそこにいて、そのぼくらに触れることができると、安心感を覚えるのだろう。ぼくらの掌を舐めたり、鼻を上下にこすりつけながら眠ってしまうこともあった。そんなあの子を見ていると、心臓が破裂しそうなくらい嬉しくなる。それほど可愛らしかった。

どんなペットであれ、その子が初めて特別な声を発したり、特別な仕草をしたり、黙ってこちらの目を見つめたりすると、いったい何を言いたいのだろう、と知りたくなる。いままでは家族も同然の動物が考えていること、感じていることを、わかってあげたいと思う。その子が何よりも大切だからだ。そして、こちらがそう思っていることをその子にも知ってほしいと願う。そのためなら何でもしたいと思う。自分の家族、愛している人間のためなら、いつでもそうしたいと願うように。

ある動物に対して心をひらきはじめると、その動物が伝えようとすることを、すべて洩れなく、把握したくなるのが人情だ。で、その動物の振る舞いにひそむ意味を正確にさぐりあてたくなる。いまフゴッと鳴いたのは、喜びの表現だろうか、それとも、恐怖や飢えや驚きの表現だろうか？　いまちょっと小首をかしげたのは、好奇心に駆られたせいだろうか、それとも、不安や惑乱のしるしだろうか？　体調がよくないとき、あの子はそれを知らせてくれるだろうか？　それを察知できるくらいの敏感な感受能力を、こちらも保てるだろうか？

一つ意外だったのは、エスターの日常の行動の多くが犬と共通していること。わが家のワンコたちと同じように、エスターも犬用のおもちゃで遊ぶ。おもちゃをくわえて、前後に揺すぶって遊ぶ。ワンコたちと同じように、疲れてくるとこちらに甘え、膝にのってきて鼻を押しつける。舌をほんの一センチほど突きだしてキスし、こちらの手に顔をこすりつける。

そして、ワンコたちと同様、エスターもこちらの気を引きたがった。可愛い、可愛い、と撫でてもらえるように、ぐいぐい体を押しつけてくるのだ。他のワンコやニャンコがこちらの気を引いていると見ると、すかさずエスターも対抗してこちらの気を引こうとする。もち

ワンコたちよりまだ小さい頃は、一緒に外を散歩していてもブタとはあまり気づかれなかった

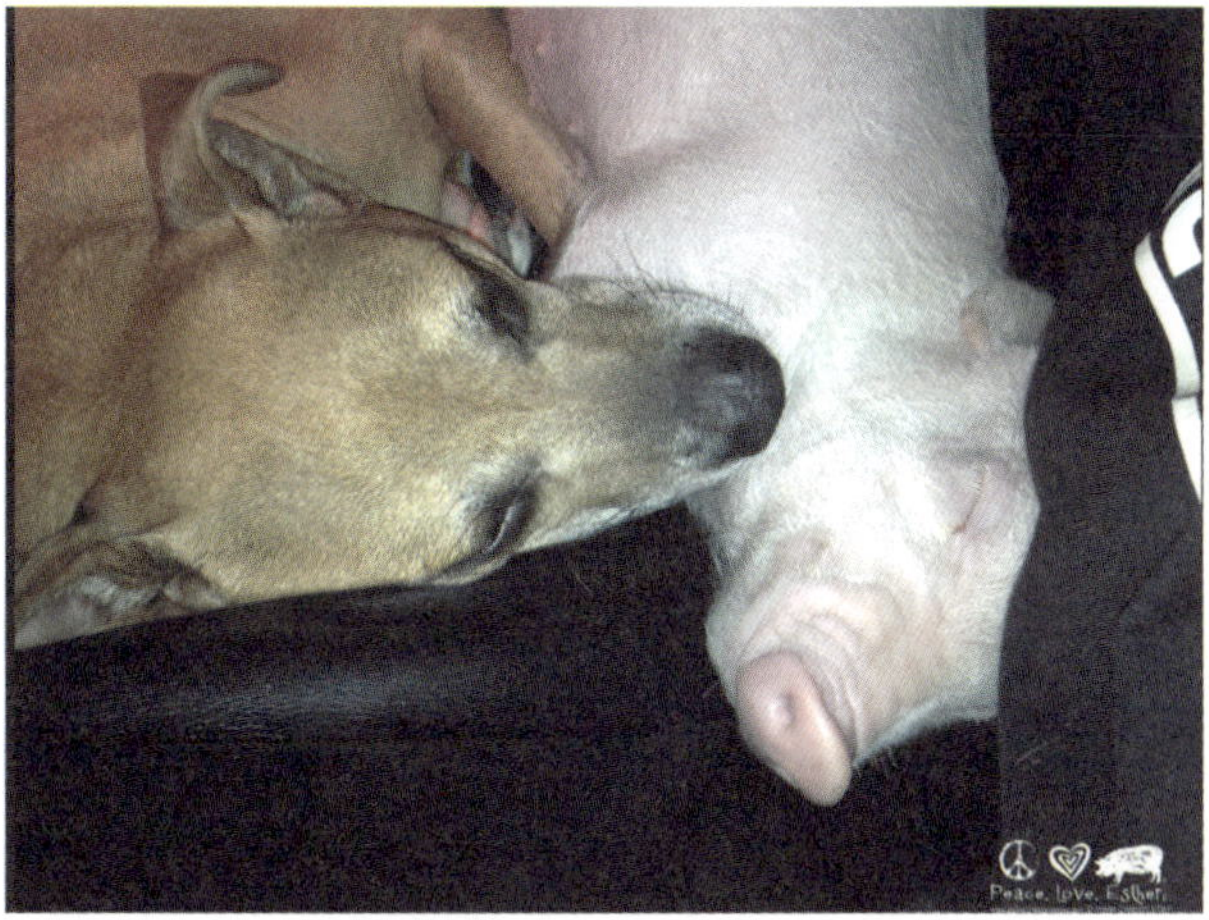

エスター自身、犬や猫に似てきた

ろん、エスターには隠密行動など無理な相談だから、猫のようにこっそり忍び寄ることはできない。はっきり言って、エスターにはいかなる種類の隠密行動もできない（ニンジャ学校に入学を断られる筆頭はふつうのブタだろう）。

エスターがそこにいるのをうっかり忘れてしまったとき、まさか体重四十五キロの、割れたひづめを持つブタが、ウッドフロアの上で何か特別のパフォーマンスをしてこちらの気を引こうとするとは、だれも思わないだろう。ところが、エスターはそれをやってのけるのだ。そしてたぶん、それはエスターだけに可能な特技ではないのだと思う。

ブタに関するぼくらの理解が深まりはじめたのは、その頃だった。たしかにエスターはぼくらにとって特別な存在だ――だから、可愛くて仕方がない――でも、エスター同様、他のブタもそれぞれに特別な個性を持っているにちがいない。この世に何百万匹といる犬たちと同じように、世にいるブタはみな独得の癖や個性を持っていることはまず間違いない。エスターと暮らしはじめて以来、ぼくらはあの子を何か特別な存在に仕立てようとして特別な訓練を施したことはない。ただ他の犬たち同様に扱ってきただけだ。

エスターはごく自然に遊びを覚えて、お利口な振る舞いや愉快な振る舞いを身につけていった。エスターが他の猫を追いかけたり、犬のおもちゃを振りまわしたりしているとき、その目は特別な輝きを帯び、表情にも独特の変化が現れるのが見てとれた。エスターがわが家の犬や猫と交わる時間が増えるにつれて、あの子自身、犬や猫に似てきた。もちろん、肉体的な意味ではなく、その個性や性格がきわだってきたという意味で。それがわかるにつれ、あの子はぼくらの心の奥深くに入ってきた。

ブタは他の動物とどうちがうのか？　犬や猫は優しく家庭に迎え入れられ、家族のように扱われるのに、どうしてブタは狭いところに押し込められ、食肉源として育てられるのだろう？　わが家に見る限り、肉体的な外見のちがいを別にすれば、ブタと犬のちがいは何もないのだ（たしかに、エスターには振りまわせるような尻尾がない。もし尻尾があれば、エスターは四六時中、嬉しそうにそれを振っているだろう）。

どうしてブタはこうも不運なのか？　ブタにもこれほど面白い個性と知性があることを、ぼくらはどうして知らなかったのだろう？　そしてもしわが家で暮らすことにならなければ、エスターはいまごろ、どこでどうしていただろう？

あの子と暮らしはじめてから、そんな疑問がしょっちゅうぼくらの頭に湧いてきた。ま、ふだんは、あの可愛らしい、フゴ、ンゴと鳴く女の子が家族の一員になった幸せをひたすら味わっていたのだけれど。あの子がくるまで、ぼくらの家庭に何かが欠けていようなどとは思ってもいなかった――デレクなどは特にそうだったはずだ――でも、いまはエスターのいない暮らしなど考えられない。あの子はもうわが家のかけがえのない一部なのだ、わが家の基礎や壁や足元の床と同じように。

……足元の床、そう、あの子がすぐおしっこで濡らしてしまう床。それも、家中ところかまわず。その件については、あらためてお話しすることにしよう。

第三章

エスターが教えてくれたこと

九月下旬のある晩だったと思う。エスターを飼いはじめてから二、三週間くらいしかたっていなかった。ぼくはパソコンに向かっており、デレクはディナーの料理をしていた。わが家の夕食は、だいたい午後七時前後にとるのが慣わしだった。デレクが料理をするとき、ぼくはたいてい背後のテレビをつけておく。食卓はキッチンの近くに寄せてあるから、背後でテレビ・コメディの『となりのサインフェルド』やアニメの『キング・オブ・ザ・ヒル』のにぎやかな音声を聞きながら、料理中のデレクとおしゃべりしつつパソコンを操作するのが習慣だった。キッチンとダイニングはカウンターで隔てられていたが、ほとんど隣り合っているも同然だったから、ぼくにはデレクの姿も見えたし、声も聞けたし、彼が料理しているものなら何でもそのにおいをかぐことができた。

ぼくらが住んでいる町では、秋が不動産売買のかき入れ時だった。だからぼくは、冬になって取引が停滞する前に、新たな物件を揃えようと走りまわっていた。デレクという男は、優れたデザインやスタイルを見抜く鋭い目を持っている。ぼくの不動産ビジネスにはすごく役立ってくれた。新しい物件を集める手伝いもしてくれたし、購入希望者が物件を見る際参考にする写真入りパンフレットの作成の相談にものってくれた。パンフレットのレイアウトを決めるときも、何かと助言してくれる。ぼくらの仲がうまくいっているのは、そんな事情もあるからなのだ。

この夜、ぼくらは朝食のメニューをディナーに流用していた。これは大人ならだれでもやると思うのだ、簡単だから。ぼくは例によって、新しい物件の紹介パンフレットを食卓で作成していた。デレクはレンジの前に立ち、エスターはその足元で、今夜はどんなご馳走にありつけるのかしら、と考えていた（そう、犬と変わらないのだ、前にも言ったけれど）。ぼくはそのデレクとエスターを眺めていた。料理の時間になると、エスターもお裾分けにあずかりたいものだから、ブヒと鳴いたり、フゴォと叫んだり、ンゴーとわめいたりする。ぼくらはしつけが厳しいほうではない――だから、食事をしながらエスターにもよく分けてやっていた。

その夜もそうして、デレクはディナーの用意をしていた。まず、本来朝食メニューであるはずのサンドイッチの準備から――トーストしたイングリッシュ・マフィン。チーズ。卵。そしてもちろん……ベーコン。

エスターがわが家にきてからも、ぼくらの食生活にはさほど変化は生じていなかった。ハンバーガー。ペパローニ・ピザ……でも、ベーコンはしばらく食べていなかった。意識してそうしたわけではなく、ただ食べていなかったのだ。何かに気づいたせいではない。

が、その晩、デレクはベーコンを炒めていた。

頭の中で、不意に何かが弾けた。

あの獣医がエスターのことを〝商業用のブタ〟と呼んでいたのを思いだした。〝商業用〟ということは、そのブタが食肉用に飼われることを意味する。それが、〝商業用のブタ〟の唯一の存在目的なのだから。〝商業用のブタ〟は橇《そり》を引いて、氷結したユーコン川を渡るわけでもなく、馬車を引いて公園を走るわけでもない。〝商業用のブタ〟は豚肉になり、塩漬けにされた豚の足になり、いくつもつながったソーセージになり、そして……。

……そう。

フライパンでベーコンがじゅうっと弾ける音がした。お馴染みのあの香りが漂ってくる。ぼくにとって、人生のその瞬間まで、あれほど素晴らしいものに思えた香りが、そのとき急に、ひどい悪臭に感じられた。

まるで、死の臭いのように。

ぼくはレンジの前のデレクを見守り、そのデレクを幸せそうに見上げているエスターの顔に目を走らせ、その場の情景全体を目におさめた。デレクはといえば、レンジを見、ときどき、フゴッと鳴いている嬉しそうなエスターの顔を見下ろしていた。そのときエスターが言いたかったことを想像すると、これはまず確実だと思うのだが、こんな感じではなかったろうか。

「ねえ、パパ！　なんか美味しそうなものを料理しているのね？　あたしの分もあるんでしょ？」

なんてこった。

いったい何をしてるんだ、ぼくらは？

キッチンで何かしていると興味津々と近づいてくる

ねえパパ、何作ってるの？

毎日のように肉を食べる人は、概して、それを何かと正当化しようとする。すくなくとも、ぼくはそうだ――もちろん、一日三食、肉にかぶりつきながら、何とも思わない人だっているのは承知しているけれども。肉は体によくない、すくなくとも食べすぎはよくない、とはよく言われるが、それは肉に限ったことではない。

だから肉を食べたってどうってことはない、ほとんどの人間は食べてるんだから、と人は思う。ブタと暮らしはじめたからといって、ぼくは一夜のうちに、肉食反対派に鞍替《くらが》えしようとは思わなかった（とうもろこし畑をひとっ跳びできる肉食反対派のスーパーヒーロー、ケールマンとはちがうので）。

でも、いま頃エスターはだれかの食卓にあがっていたとしてもおかしくないのだと思うと、ブタを家族の一員として迎えながらベーコンを食べることを肯定しようという気は、もうぼくの中から失われてしまった。ベーコンを食べることは、わが家の犬たちを食べるのと変らないのではないのか。わが家の犬に限らない。どの犬を食べるのも同じことだ。頭の中で、見慣れた光景がひらめいた。わが家の裏庭でワンコたちが駆けまわり、ぼくもそれに交じって走りまわる。そこにエスターも駆け寄ってきて、一緒にはしゃぎまわる――。

ちょっと待った、とキッチンの隣りで思った。レンジの前のデレクに目を走らせる。彼の頭の中でもいま、ひょっとして同じような思いが湧いているかどうか。デレクはフライパンの料理を見たかと思うと、エスターを見下ろしている。フライパンを見たり、エスターを見たり……なんだか、頭がクラクラするような光景だった。フゴ、フゴと甘えているエスターと、宙に漂うベーコンの香り……はっきり言えば、それはブタの肉が炙《あぶ》られているにおいだ。

それも、わが家のキッチンで。

ベーコンはもう食べたくない、いい、いいいいい、犬を食べられないのと同様に。

ぐずぐずしてはいられなかった。立ちあがってキッチンに入り、デレクの目をとらえた。

「それ、食べられないな、ぼくは」

え、とデレクが訊き返すので、ぼくはくり返した。「それはもう食べられない。ベーコンを食べるのはもうやめた。ぞっとするんだ」

それに対するデレクの答えに、ぼくは驚かされた。こう言ったのだ。「おれも、食べられないよ」

不思議な瞬間だった。デレクはこちらの真意を問いただそうともしなかった。デレクも、ぼくとまったく同じことを考えていたのである。

ヴェジタリアンかヴィーガンか

それ以降もぼくらは、エッグ・サンドイッチを食べていた。

その段階のぼくら二人は、だから、動物の肉や魚肉は食べないが、卵や乳製品は拒まない、広義のヴェジタリアン（vegetarian 菜食主義者）というやつだったのだろう。それに対し、動物や魚肉に加えて、卵、乳製品、蜂蜜まで食べない、いわゆる〝完全菜食主義者〟のことを〝ヴィーガン（vegan）〟と呼ぶが、ぼくらはその域までは達していなかったことになる。
そう、とりあえずのところは、〝エスターを食べたりしない〟で満足していて、卵やチーズは食べていたのだ、〝これはだって、ブタじゃないからな〟と軽口を叩きながら。牛や鶏に知り合いはいなかったから、ぼくらにとって、彼らはまだ単なる〝家畜〟にすぎなかった。それらの動物に対する感情的な思い入れはぜんぜんなかった。ブタのことはかなり調べていて、彼らがどんなに高い知能を持っているか、わかっていた。インターネットでブタのことを調べると、彼らが食肉用に飼育される過程でどれほど残酷な仕打ちを受けているか、手にとるようにわかる。エスターへの愛の余波は、その段階で留まっていた。ベーコンを見ると、すぐエスターの姿が浮かんだ。が、ハンバーガーはいつ見てもハンバーガーだった。ぼくらの頭の中で、エスターは特別な地位に格上げされたのだが、他の〝家畜〟たちは依然元の地位に留まっていた。それは、ぼくらが知らず知らずのうちに築きあげていた固定観念と意識の壁の格好の例と言えただろう。

その週の終わりごろ、オンラインのＤＶＤレンタル・映像配信サイト、ネットフリックスのメニューを見ていたときのこと。〝ヴェグケイティッド（Vegucated）〟というプログラムが目に留まった。主役は三人のニューヨーカーで、彼らが六週間にわたって完全なヴィーガンの食事に挑戦する、というテーマのドキュメンタリーだった。その種のドキュメンタリーを、ぼくらは好んで見るほうではない。動物を殺すシーンなどあまりにリアルで、見ていられないからだ。が、この番組は軽いコメディ・タッチで描かれているようだった。それにぼくは、歴史とか先進技術とかに関するドキュメンタリーなら、昔から好きだった。もちろん、自然や動物に関するドキュメンタリーも好きだが、アフリカが舞台のものは苦手だった。あれはたいてい〝生命の連鎖〟とかいって、弱肉強食の現実が描かれる。必ずと言っていいくらい、最後は美しいシマウマがライオンに襲われるシーンで終わる。それが自然界の現実だとしても、ぼくは見ていられない。

わが家のテレビに〝ヴェグケイティッド〟の視聴選択画面が映されたとき、これは面白そうだと思った。デレクはぼくが何を選んだのか気にもしていなかったが、それは毎度のことで、彼はもっぱらスマホのメールを読むのに熱中していた。で、ぼくは〝スタート〟をクリックし、番組がはじまった。するとデレクは、それがぼくの日頃お気に入りのドキュメンタリー、たとえばエアバスA380の製造工程とか、北海における風力発電用タービンの製造法、といった番組――彼がいつも敬遠する番組――ではないのに気づいて、興味を覚えたらしい。スマホを置いて、テレビ画面に見入りはじめた。

その番組が終わる頃、ぼくらは二人とも、それまでの肉食のライフスタイルを考え直しはじめていた。この番組に刺激されて、ぼくらは他のドキュメンタリーも見た。アメリカにおける大規模農産企業の暗部を見つめた『フード・インク（FOOD, INC.）』。シャチをシー・ワールドの娯楽ショーの主役扱いにしていいのかと、疑問を投げかけた『ブラックフィッシュ（BLACKFISH）』。この二つの作品を通じて、現代人の食べ物がどこからくるのか、おかげで動物たちがどう扱われているのか、ぼくらは多くを学んだ。そう、ふだん何の問題もないと考えていたケースにも、多くの動物虐待がひそんでいることを。

ぼくはいつも、自分のことをかなりの動物好きだと思っていた。でも、それはとんでもない考えちがいだったことに気づいた。それまでに吹き込まれたこと、たとえば〝あの動物たちは単なる家畜なんだよ〟と言われて、それを頭から信じていた自分が腹立たしかった。本当に真実を知りたいと思えば、有益な情報はいくらでも目の前に転がっていたのである。それなのに、目をしっかり見ひらこうとはしなかった。現状をそのまま受け容れて肉食のライフスタイルをつづけるほうが、ずっと気楽だったからだ。

そうとわかれば、話は簡単。これからは一切肉を断てばいい。従来の肉食のライフスタイルに別れを告げて、完全なヴィーガンになればいいのだ。そして、スーパーの青果コーナーに入りびたるようになればいい。

野菜嫌いという大問題

ところが、どっこい。ことはそう簡単にはいかなかった。動物愛護の精神から肉食を止めようと思っても、ぼくには重大な障害があった。

実は、昔から野菜が大嫌いなのである、ぼくは。

正直に言うと、いまでもそう。

何かの料理を前にして、タマネギの匂いがちょっとでも鼻をかすめると、その料理をつついてタマネギをとり除かないと食べられない。ついうっかりタマネギ入りの料理を口に入れてしまい、それをざくっと嚙んでしまったら、そこで食事はおしまい。そう、食事に関する限り、ぼくみたいに単純な男はいない。ぼくを洒落たレストランに誘うなど、無駄もいいところ――ハンバーガーやパスタを食べさせておけば、それで満足する男なのだから。ときには、あらかじめ家で好きなものを食べてからレストランに向かうことさえある。出される料理はきっと食べられないと、わかっているからだ。出かける前に、満腹になっておいたほうがいい。

デレクは何度も、おれたち、ヴィーガンになるべきだろうか、と問いかけてきた。ぼくはそのたびに言葉を濁して確答を避けた。筋金入りの野菜嫌いのぼくにとって、これは難問中の難問だった。どうせ食べるなら、やっぱり自分の好きなものを食べたい。嫌いなものとか、もっと恐ろしいのだが、いままで食べたことのないものを食べるのは、やっぱりゾッとする。未経験なものほど怖いものはない。おまけに、それまで耳にしていたヴィーガン向けの食材となると、みな薄気味悪いものばかり。やれクスクスだとか、キノアだとか。キノアって、いったい何だ？　それに、アサイーだって？　そんなけったいな言葉、口にするのもいやだ！

とはいえ動物の肉は食べたくないし――ぼくはとうとう鶏や牛も、犬や猫、それにもちろんブタとも変わらない、という事実を認めていた。ブタはすでにぼくらの念頭にある動物王国の王座に君臨していたのだが。

こうして、頭の中では、恐ろしい疑問が渦巻くことになった。動物の肉を食べられないとなったら、いったい何を食べればいいんだ？　サラダは嫌いだし、ヴィーガン向けとされる野菜はどれも薄気味悪い。としたら、他には何が残っている？　木の実や種子だろうか？

ある日デレクが帰宅すると、鳥に変身したぼくが出迎えるのだろうか？

　この疑問については、デレクにも打ち明けなかった。ヴィーガンになる件について訊かれても、そうだな、なんとか頑張ってみようよ、ぐらいでごまかしていた。二人の進化を妨げる張本人にはなりたくなかったから。

　ぼくはすこしずつ段階を踏んでいくことにした。まず毎日の食事を肉食中心のメニューから切り替えた。肉はもう、バター付きパンのような必須のものではなくなった（でも、肉を食べなくなったら、バター付きパンをますます食べるようになったのだが）。ただ、ハンバーガーは依然あちこちで食べていた。ミルクも、手を切るのが難しいものの一つだった。ぼくはついこう考えてしまうのだ――だって、ミルクをしぼるとき、雌牛は特別むごい仕打ちを受けているわけじゃないんじゃないの。ぼくはいつも、なんとか無難にその場を切り抜けようとしてしまう。自分に暗示をかけるのがうまいのだ。昔からそうだった。

　でも、心の奥深くでは、すべてが言い訳にすぎないと自覚してもいた。馬の視界をふさぐ遮眼帯《しゃがんたい》というやつがあるけれど、あれを自分の目にかけようとすればするほど、かえっていろいろな映像が視野に入ってきた。食品産業ではもっともらしい宣伝文句がさかんに使われる――〝広々とした農園で育った健康な牛です〟とか、〝天然の牧草で育てられました〟とか。ぼくは簡単にそれにのせられて、自分を納得させようとする――〝そうだよな、幸せに育った牛なんだから、食べたっていいんだ〟とか、〝なだらかにうねる美しい野原で育って、勝手気ままに生きてきた鶏なんだから、もう食べたっていいのさ〟とか呟いたりして。

心の大きな支え、何か月もしがみついていた支えが一つあった――〝乳牛にしたって邪険な仕打ちをされて、ミルクをしぼられるわけじゃないんだから〟。

実際、なんと能天気なやつだったんだろう、ぼくは。

ミルクはどうやってしぼられるのか。前から頭に描いていた情景はこうだ――なだらかな丘陵に広がる美しい緑の牧場。そこで暮らす愛らしい三つ編みの髪のオランダ娘が、バケツを手に雌牛のベッシーの乳をしぼりにやってくる。ベッシーも乳をしぼってもらいたがっている。日頃その一家に大事に育てられているので、お乳を提供するのは当然の務めと思っているのだ。牧場主の一家も、心からベッシーを愛している……。

だいたい、そんな光景をだれしも思い浮かべるんじゃないだろうか？

でも、一つの小さな情報は大きな理解の門をひらく。

あのドキュメンタリーを見て、現代の酪農家で飼育されている乳牛がひどい扱いを受けていることがわかった。それがきっかけで、前には考えたこともなかった人間の特性について、何かと考えるようになった。たとえば、この自然界で、幼児期をすぎてもミルクを飲む動物は人類だけだとか。それに、自分たちとは別種の動物のミルクを飲むのも人類だけなのである。ふだんは何とも思っていないけれど、考えてみると、これはすこし異様な行為なのかもしれない。最初に牛の乳をしぼろうと思いついて、しかもそれを飲んだ人間って、よっぽど変わり者だったのでは、というジョークがある。それを実行したやつはともかく、史上初めて自分のお乳を人間にしぼられた雌牛の側はどうだっただろう？　どう思っただろう？　たぶん、こんな心境だったんじゃないだろうか――〝あのう、ちょっと……あたしのおっぱいになんてことをなさるの、あなた？〟

ヴィーガンへの移行期の初期――という言い方しかできないのだが――デレクと二人でパーティに出かけると、出されたものは何でも食べた。言い訳の文句はたいてい決まっていた。

だって、ぼくが用意したわけじゃないんだし。
とにかく、出されているわけだから。
食べなけりゃ、無駄になるし。
すでに用意されていたんだから。

肉を買うのがだれであろうと、見てみないふりはできないな、という境地に達するまでには、数か月かかった。エスターとの絆が深まり、あの子を深く知れば知るほど、あの子を牛だとか――食肉用に育てられたすべての動物――と比較せずにはいられなくなった。もしわが家にきていなかったら、エスターはいま頃どこにいるだろう？　あの養豚場の狭い檻かもしれない。エスターと一緒に生まれた子供たちは、どうなったのだろう？　スーパーで売られているベーコンのパックがエスターのファミリー・メンバーでないと、断言できるだろうか？　実際、エスターの姉や妹だったとしても、おかしくはない。そうではなかったとしても、屠《ほふ》られたブタの肉に間違いないのだ。そう、エスターと同じように知能もあれば個性もあり、愛する能力もあるブタの。

エスターが初めてわが家にやってきたときは、何もかもが目新しかった。それから時間がたち、食品産業の実態がわかってくると、エスターはインターネットや映画で見た映像を呼び起こす引き金になった。外で無邪気に駆けまわるエスターを見ていると、狭い檻につながれた乳牛の子供の姿を思い浮かべてしまう。エスターの食事を用意し、あの子が西瓜《すいか》やマンゴーにかぶりついている姿を見ると、檻に押し込められた哀れなブタの姿が脳裏に浮かんでくる。あの子がようやくトイレの仕方を覚えておもちゃで遊ぶようになり、明確な個性を示しはじめたのを見て、誇らしいパパのような感慨にひたった次の日、スーパーの食肉ゾーンにさしかかったりすると、急に気持ちがしゅんとしてしまう。なぜなら、そこに並んでいるすべてが顔を持ちはじめるからだ。ステーキの肉やベーコンなどが目に入ると、もう単なる商品だとは思えない。そこに並ぶどのポークチョップも、エスターだったかもしれない。そう考えると、平気ではいられなくなってしまうのだ。

ぼくらがエスターと共にすごす時間が増え、あの子の個性が花ひらくのを目のあたりにすればするほど、〝ブタなんか単なる家畜だよ〟という俗説はまやかしだという確信が強まった。あの子はふつうの犬の性格や個性をすべて備えていた。それは想像以上だったし、その後も毎日のように何かしら新しい能力を見せてくれた（その中には、たとえば、戸棚をあけて食べ物を盗んだりする困った能力も含まれていたけれども）。あの子の高い知性こそは、ぼくらがブタに関する認識を新たにする鍵だった。あの子がこれほど利口なら、どのブタだってみんなそうにちがいない……。

いずれにしろ、ベーコンを見ると、もう単なるベーコンに見えなくなってしまったのは事実だった。同じことは、動物由来の食品すべてに言えた。スーパーの肉売り場を歩いていると、いろいろな動物が見えてくる。どの肉のパッケージを見ても、動物の顔が見えてしまうのだ。幼児期から真実と教え込まれたものが実は嘘とわかることはよくあるけれど、本当はどうなのか、敢えて真実を見きわめようという気になったのはエスターと暮らしはじめてからだった。あの子と出会ったおかげで、自分を変えたいという願望がようやく芽生えたのである。

それは、みんなわかっているのだと思う。喫煙の習慣がいい例だ。タバコが体に悪いのはみんなわかっている。一本タバコを喫《す》うごとに命を縮めているのは、わかっている。なのに、止められない。止めたほうがいいとわかっていても、喫いつづける理由を何やかやと言いたてる。そして、ギリギリの段階にまで追いやられて初めて、やっぱり止めなければと思い知ることになる。

エスターのおかげで、ぼくらは真実を探り、日頃の習慣を完全にあらためて、それを守り抜くきっかけを手にした。

といって、ヴィーガンに生まれ変わるのはごく簡単だ、などと言うつもりはない。いわゆる学習曲線というものがあって、なかなか厄介なのである。最初は、食料品の買い物にやたらと時間がかかってしまう。ラベルを確認するだけでも、従来よりずっと時間を食ってしまう。だから、〝ぼくにはとてもそんな時間がないよ〟とか〝面倒すぎるね〟といった言い訳を口にする人たちもいる。でも、実際はそれほど面倒でもない。要は、従来教えられてきたことをきちっと検証すればいいだけの話なのだから。

そして、本当に生まれ変わりたかったら、一切の妥協を断つことだ。肉や動物食品は、いっさい摂らないと（ぼくにとってはそれがどんなに難事かは、おわかりいただけると思う）心に決める。とにかく、ぼくもデレクも、もう二度と動物を食べる気にはなれなかったし、なんとか生まれ変わりたいと本気で願った。

よし、完全なヴィーガンになろう。そう決めたまではよかったのだが、最初のうちは日々の買い物も波乱含みだった。食料品の買い物に出かけて、うん、うまくいったぞ、と思ったところが、お気に入りのトルティーヤ・チップス、ドリトスにはミルクも使用されていることがわかったり。動物とは無縁な、いかにも化学的な名称を持つ食品が、実は牛の腱《けん》といった、とんでもない素材でつくられているのがわかったり。肉を断つという行為そのものよりも、動物由来の成分を含んでいない食品を見つけることのほうがずっと厄介だった。それで、新米のヴィーガンは混乱してしまうのである。ぼくらの一人が買い物から帰ると、その食品の成分が動物由来のものであることを、もう一人が発見する。そんなことが何度あったかしれない。ふつうに肉を食べていたときでさえ食料品の買い物は面倒だったのに、ヴィーガンの買い物に切り替えると、以前一時間ですんでいたものが三時間のマラソン・ショッピングに変わってしまった。一見似たような商品を手にとって、果たしてヴィーガン向きかどうか確認しようと、スーパーの通路にいつまでも立ち尽くしていたことがどれだけあったことか。

トイレ・ボックスも拡大の一途

そして、このヴィーガン・メニュー問題であたふたしているうちに、当のエスターはぐんぐん……ぐんぐん……ぐんぐん成長しつづけていた。トイレのしつけは予想外に手間どり、さらなる労苦を覚悟しなければならなくなりそうだった。最大の原因は、エスターの排出するおしっことウンチの量で、それは実際、半端ではなかったのである。

トイレのしつけなんてたいしたことないよ、とぼくらは最初言われた。やり方を二、三度教えれば、それで大丈夫、と。はじめに使ったのは、トイレシーツを中に敷いた、猫用の小さなトイレだった（ブタは猫用の砂粒を食べてしまうので、トイレシーツか木屑《きくず》を敷くといいと言われた）。その後、エスターがぐんぐん大きくなったので、ドームで蔽《おお》われた最大のトイレ・ボックスに切り替えた。これだと、エスターはドームに入り、用を足して、出てくる――それでおしまい……のはずだった。

実際、最初の部分はうまくいった。エスターは難なく中に入ったから。ところが、そこからが面倒だった。このボックスの入口の形状、それにエスターのボディの形状が災いして、あの子は中に入ったはいいが、こちらに向き直ってお尻をトイレシーツの上に据えることができない。そのままじょーっと用を足してしまうものだから、おしっこが奔流《ほんりゅう》となって外に流れでてしまう。行いは正しいのに、結果が伴わない。で、こんどはそれまでより六十センチほど大きなボックスを用意して、訓練をやり直した。中に入り、こちら向きになってうずくまり、用を足す。それだけのことなのに、これが難しいのなんのって。

あの子の体が膨張するのにともなって、トイレ・ボックスも拡大の一途をたどった――ついにはソファ並みの大きさにまで。そう、ソファをボックスで囲んだところを想像してもらうと、だいたいエスターのトイレに近くなる（大都会に住んだことのある人なら、たぶん、これよりもっと小さなトイレ一体式の浴室を使ったことがあるだろう）。もちろん、トイレ・ボックスを拡大するたびに、エスターの訓練もやり直しを迫られた。あの子を中に入れ、向き直らせて、用を足させる。ドームの内側は古いビニールで内張りをし、床には木くずを敷きつめた。

ご想像いただけると思うけれど、このボックスの掃除がまた生半可ではなかったのである。

もう、悪夢としか言いようがないほどに。そこはドームで蔽われているため、わきからトイレ・ボックス用スコップ（大型のシャベル）でウンチをすくいとればいい、というわけにはいかない。まずはドームの中にこちらがもぐり込まなければならないのだ。まさしく労働集約的作業であって――正直に言おう、ウンチまみれの、鼻をつままずにはやっていられない作業だった――しかも、それを二日おきぐらいに実施しなければならなかった。

その頃、エスターがまだ急成長過程にあったせいか、飲む水の量のすごさといったらなかった。なにしろ、水飲み用のボウルに顔を突っ込むたびに十一、リ、ッ、ト、ル、ほども飲むのだから（それだけで、このボウルがどれだけ大きかったか、おわかりいただけると思う）。もちろん、その頃、まだ学習段階にあったあの子のトイレ・マナーは完璧には程遠かったし、十一リットルもの水がやがて排出されるときの迫力たるやすさまじかった。あの子が尿意を催すタイミングをなるべく正確に把握して、いざとなったらすかさずトイレ・ボックスにご案内するようぼくらは心がけた。とはいえ、あの頃はエスターもこちらもまだ学習段階にあった。突発的な事故はしょっちゅう、それも子犬や子猫のトイレのしつけとは比較にならないほど壮大なスケールで起きた。あれは、そう、プロ・アメリカン・フットボールのラインマンに――それも二人合わせて――トイレのしつけを覚えさせるのに匹敵したと思う。

エスターのトイレ・ボックスが――その段階では、もはやボックスというより組立小屋に等しかったけれど――最大の大きさになったとき、ぼくらはそれをまだ未完成だった地下室に移し、そのままそこに固定した。と同時に、あの子の遊び場も同じ地下室にもうけた。あの子を置いて外出するとき、とうてい一階に放置しておく勇気はなかったからだ。

よし、これで難問解決。

——というわけにはいかなかった。

二人の脳みそをしぼり、即席のエンジニアリングの粋《すい》を凝《こ》らしてエスターのトイレ対策に万全を期したと思っても、まだ事故は起きてしまう。

エスターのトイレ掃除は、それこそ背骨の折れるような、超人的な労力を要する汚れ仕事だった。それをなんとかやってのけて、よし、これでしばらくは楽ができるぞ、と一息つく。とにかく、一時間は働きづめだったのだ。ボックスを分解して各部を消毒し、ボウルを取り替え、内部をきれいに掃除して汚れたトイレシーツをゴミ袋におさめる。もちろん、四つん這いになって掃除したり消毒したりするわけだから、体中、汚物まみれになっている。でも、これで一応、何もかもきれいになったのだ。

やれやれとばかり、ぼくらは服を着替え、ふうっと息を吐いて、どっかと椅子に腰をおろす。と、ものの五分もたたないうちにエスター嬢が上から降りてきてボックスの中にうずくまり、見事に的をはずしてくれる。床にはまたしても大量のおしっこが逆流し、ぼくらは最初からやり直さなければならない……。

でも、二人はなんとか冷静を保とうとつとめる。最初のうち、ぼくは掃除の全責任をデレクから押しつけられていたのだが、文句は言えなかった。無断でエスターを家につれてきたのはぼくなのだから、何を言われても仕方がない。でも、しばらくすると——これでデレクを見直したのだけれど――彼も掃除にのりだしてくれて、重荷を一緒に背負ってくれるようになった。

その甲斐あってか、エスターのトイレ・マナーはかなり向上した。が、まだ打率十割には届かない。よし、かなり上手になったぞ、と思うそばから、どしどしとリビングに入ってきて、ぼくらの目の前でしゃがみこみ……勢いよく――。

「あ、止めろ！」二人は発作的に叫ぶ。それがかえって事態を悪化させてしまうのだ。あれっ、あたし、何か悪いことをしたのかしら、と思ったエスターは、おしっこを懸命に中断してそこから逃げだす。そして家の奥に逃げ込むのだが、途中でおしっこを振りまいてしまうのだ。かくしてカーペット・クリーナーが出動し、洗濯機が大車輪で活動し、ぼくらはカッカしてしまう。エスターは〝悪い子〟だったので、罰として地下室の遊び場に押し込める。信じられないかもしれないが、災難はそれで終わるわけではない。

なぜなら、押し込められた地下室で、エスターが絶叫しはじめるからだ。

エスターが絶叫すると、まるでジェット旅客機が離陸するときのような轟音《ごうおん》になる。それこそ、なりふりかまわないわめき声というか。

あれはこたえます、正直言って。こっちはリビングで当面の仕事に没頭しようとする。そこへあの絶叫が聞こえると――現実的な話――もう無視できなくなってしまう。すぐにでもあの子を出して、大丈夫だよ、泣くんじゃない、と言ってやりたくなる。それしか考えられなくなってしまう。〝子犬のように無垢な目つき〟というフレーズがあるけれども、まさしくああいう目で――あるいはむずかる赤ちゃんの目でもいいけれど――見つめられて、胸がキュンとならない人はいないだろう。とにかく、なぐさめてやりたい、頭にのぼるのはその思いだけ。親たるもの、たまには――あるいはちょくちょく――子供を叱る必要があることは、よくわかっている。エスターにちゃんと暮らしのマナーを習得させないことには、この先どんな悲劇が待っているかわからない。でも、あの子のしょぼんとした顔を見たり、哀れっぽい声を聞いたりすると、たまらないのだ。こんな言い方は陳腐もいいところかもしれないけれど、ぼくはもっと強い親にならなければいけなかった。

そんなことで悩む一方、頭の片隅には、デレクはいつまで我慢できるだろう、という不安も居すわっていた。デレクもいまではエスターを愛している。それはわかっているのだが、そのうちある日両手をあげて、「ああ、もうやってられない」と言いだすこともあるんじゃないか、その可能性は皆無じゃないぞ、という思いも捨てきれずにいた。

だからこそ、ぼくはもっと頑固になる必要があった。もっと厳しくエスターをしつけなければならない。容易ではないのはわかっている。エスターはきっと悲しむだろう。あの子が悪気でやっているんじゃないのが明白なだけに、ぼくらも悲しい。でも、あの子を厳しく叱るのがお互いのためであることは明らかだった。

で、悪いことをしたら三十分の隔離、という罰を与えることにした。キッチンにタイマーを置いておき、あのジェット旅客機のような絶叫を三十分我慢してから地下室の外に出してやる。自分がそもそもなんで地下に閉じこめられたのか、エスターには理解できない可能性は十分にある（これはほとんどのペットの共通点らしいのだが、と言って他にどんな手があるだろう？）。エスターが理解できていないことは、三十分のお仕置きの後、上にあがってくるなりまた同じことをするという事実からも明白だ。でも、しょうがない、そうしたらまた三十分、押し込めるしかない。

それが、あの子にとっての勉強だった。

このお勉強は大変だった。人間の子供たちのお勉強と同じで、一歩後退二歩前進、もしくは五歩後退一歩前進、というところだった。おっ、すごい、やればできるじゃないか、と小躍りしたのもつかの間、明くる日にはまた元にもどってしまう。地下室でのお仕置きが、ほぼ一日中つづく日もあった。前進と後退のパターンが、ぼくにはよくつかめなかった。自分の教え方に何か欠陥があるのだろうか？　きのうはあんなにうまくいったのに、どうしてきょうはまたこんな地獄を見るのだろう？

そしてもちろん、ヒヤヒヤさせられることには他にもあった。うん、エスターがどういうブタかわかったぞ、と思っていると、みるみる急成長してトイレ・ボックスをまた新調しなければならなくなったり、果てはデレクが食べるはずのものをぺろっと食べてしまったりする。これにはデレクもむかっ腹をたてるのだが、どうしようもない。それから、あの子が電気コードに目がないおかげで、電話のコードやパソコンの充電器がどれだけ犠牲になったかしれない。これには本当にうんざりさせられた。エスターに〝悪気〟がないことはわかっている――あの子は犬や猫がいろいろな日常品を引き裂いてしまうように、ただ本能的に行動しているだけなのだ。でも、こんな蛮行はこれ以上見逃さないからな、というメッセージはきちんとあの子に伝える必要があった。

で、ぼくらはそれを実行に移し、厳しいしつけを課し、あの子は泣きわめいた。いつのまにか、どうぞきょうのお仕置きは最小ですみますように、と祈りつつ毎朝目をさますのが習慣になった。

そして訪れた悪夢の瞬間

あれはクリスマスの直前だったと思う。エスターがわが家の一員になってから初めて、ぼくらはあの子を家に置いて旅に出かけることにした。トロントとオタワのあいだにある小さな町、バリーズ・ベイで暮らすデレクのご両親を訪ねようということになったのである。ぼくの通うジムのインストラクターで、親しい友人でもあるリータという女性がいて、彼女は共通の友人たちが家をあける際によくペットの世話を買って出ていたし、わが家のエスターのこともすごく気に入ってくれていた。エスターの面倒ならちゃんと見てあげるから安心していってらっしゃいよ、とリータは言ってくれた。エスターのトイレは心配だが、たった三日間の旅だし、リータの好意に甘えようか、ということになった。もちろん、リータにトイレの掃除まで頼むつもりはなかった。ぼくらにはとにかく息抜きが必要だったのだ。で、リータに留守を預かってもらうことにした。

エスターがわが家にきて以来、休暇をとろうか、という気になったのはそれが初めてだった。たった三日間の旅を〝休暇〟と呼ぶわけは、それまでの毎日、やるべきことが多すぎたからで、たった三日間の息抜きでも、ぼくらには貴重な休暇だったのである。

バリーズ・ベイまでのドライヴは、何事もなくすぎていった……最初のうちは。というのも、しばらくしてデレクが、ぼくの恐れていた爆弾をとうとう投下したからだ。

やっぱりエスターを手離さないか、と彼は言ったのである。

あれだけの苦労をした後だから、びっくりしたとは言わないまでも、現実にそうはっきり言われると、実につらかった。そうだね、まあ最善の方法を考えてみようじゃないか、とは応じたものの、なんだか重たい鉛を飲みこんだような気分になった。もちろん、デレクの気持ちは理解できる。でも、その一言で旅の楽しさは吹っ飛んでしまった。おそらく、帰宅そうそうデレクは、あのデブの女の子を早く追いだそう、と迫ってくるにきまっている。そうなったらエスターがどういう運命をたどることになるか、考えただけでもつらかった。

帰りの車の中の空気はそれほどピリピリしてはいなかった。が、やはりエスターの問題が影を落としていた。口にだせば憂鬱になるから二人とも黙っていたものの、胸中、わが家はいまごろどうなっているだろうと気がかりだった。エスターのことだから無事にすんでいるはずはない。そうはぼくも思っていた。けれども、せっぱつまったときの神頼み、すべてをいいほうに、いいほうにと考えていたのだ――〝最近はあの子もお行儀がよかったから〟とか、〝家をあけたのはほんの二、三日だったわけだし〟とか、〝これ以上悪いことなんて、起こるはずないだろう?〟とか（この最後の自問をすると、まずろくなことがない）。

この旅に出る以前、実はエスターにもっと自由を与えてみようかと、試みたこともあった。デレクがいないとき、エスターを地下室から上にあげてやって、ぼく一人でお使いにいったりした。あとでデレクに、エスターに留守番させて買い物にいったら何の問題もなかったぜ、と報告できればいいなと思ったりして。だが、そういう願望は一度として実らなかった。必ずと言っていいくらい、最後はデレクに見つからないよう一心不乱に掃除をする結果に終わった。エスターがしでかしたことをデレクに知られまいとするたびに、ストレスが増した。いちばん最初にぼくが吐いたセリフ、〝大丈夫だよ、ぼくがなんとかする、あの子はきっと素晴らしい子になるから〟というセリフになんとか現実味を与えないと、という思いが常にのしかかってきた。そのセリフ自体は、ぼくの本音だった。ただ、それがどんなに大変なことか、まだわかっていなかったのである。

わが家に帰る車の中ではずっと不安だった。どうぞわが家が清潔でありますように、何の問題もなくきちんと整頓されていますように、と祈っていた。それは何よりも、こんどの実験が失敗した場合のデレクの反応が心配だったせいだ。エスターを手離すという禁断の扉に、デレクは手をかけてしまった。彼をその道に突き進ませるような事態が起きませんようにと、ぼくは祈っていた。玄関から中に入ると、塵一つないリビングでエスターとリータが楽しげに遊んでいる――そんなシーンが待っていたら、どんなに素晴らしいことか。そう、エスターはエプロンまでしめたりして、ぼくらの留守中に覚えた料理の腕をふるい、歓迎のディナーを準備したりしていて、とか……。

そしてぼくらは家に到着し、〈現実〉に直面した。

最初に頭に浮かんだのは、もうおしまいだ、という言葉だった。

わが家は見るも無残だった。そこいら中にトイレ・ボックスの木屑が散乱し、家中、おしっこの臭いがした。いや、臭いがした、というより、ぷんぷんと悪臭を放っていた。そう、この世のものと思えないほどの悪臭を。実際、目も当てられなかった。

急に気分が悪くなった。デレクがどんなショックを覚えるか、考えるのも怖かった。

こういう場面に直面する前、ぼくはああでもない、こうでもない、と自問していた。これからもエスターを飼いつづけるべきか否か？　そもそも飼ったことからして、間違いだったのだろうか？　いったい、あの子は今後どこまで大きくなるのか？

苛酷な現実はどんな思惑も超越していた。

もう、だめだ。この家はメチャメチャになろうとしている。ぼくらの暮らしも、ぼくとデレクの関係も、エスターのおかげでメチャ、メチャ、メチャ、メチャ、メチャになろうとしている。

万事休す。

いい機会だから言っておこう。デレクというやつは、病的なくらいの、途方もないきれい好きなのだ。かすかな汚れも気になる。それとわかる汚れを見るとむかっ腹をたてる。あからさまな汚れを目にすると発狂しそうになる。

そして、いま眼前にあるのは、見たこともないほど汚れまくったわが家だった。

わが家——とぼくらの暮らし——の変わり果てた姿。いまにも泣きだしそうなデレクを見て、ぼくもどうしていいかわからなかった。発狂寸前、というほどではないものの、デレクが打ちのめされているのは明らかだった。そしてもちろん、ぼくもがっくりきていた。こんな短時間に、こんなひどい状態になってしまったわが家。それもショックだったが、わが家のこんな有様を、ぼくらがどんなに追いつめられているかを、部外者であるリータに知られてしまったこともまた、恥ずかしかった。

どんな汚れも、それまではけっこう上手にデレクの目から隠してきたのだが、この惨状はもう隠しようがない。

ダメージがどれくらいか、デレクと二人で家の中を見てまわると、わが家から追放されそうなことも知らずに、エスターがいそいそとついてくる。例によって好奇心でいっぱいの、あの嬉しそうな目で微笑《わら》いかけながら。そのとき、あの子を見返すぼくの目は、初めて、未知の不安でくもっていたと思う。どうしてこんな、みじめな失敗をしてしまったのか。この窮地からすぐにでも立ち直らないと、悲惨な目にあうのはこのエスターなのだ。

勤めを終えて家に帰ってくると、猛烈な動物の臭気に襲われる——わが家をそんな場所にしたいなどとは、もちろん、二人とも思っていなかった。あれほどいろいろあった後で、こんなわが家に足を踏み入れなければならなかったデレクは、耐えがたい思いだったにちがいない。ぼくにしたって——日頃、不動産屋として、いやな臭いのする家をたくさん扱っているから——わが家を悪臭ふんぷんたる場所にはしたくない。ぼくは日頃から、〝参ったね、いま見せてもらった家、便所みたいな臭いがしたぜ〟などと言い放つ男なのである。それがいまや、わが家が便所になってしまった——それも、文字どおりの意味で。

こんなに屈辱的なことはない。

あの子を手離すしか……

ぼくは地下室に降りていった。

家をあけたのはたった三日なのに。床のそこいら中に木屑が散らばり、おしっこの水たまりができていた。この地下室はまだ未完成だったたから、有孔材におしっこがしみこんで、床全体に浸透していた。

デレクは清掃用具を手にとって、エスターの遊び場の中で四つん這いになった。彼がさわるもの、動かすもの、すべてがおしっこにまみれていた。エスターのベッド、トイレ・ボックス、おもちゃ、そしてデレクまでが。デレクはライソールや防臭剤のスプレーを周囲に置き、ペーパー・タオルで床を拭いていた。ゴミ袋にペーパー・タオルを入れようと持ちあげるたびに、おしっこがポタポタとたれる。汚くて、見ていられなかった。言葉はまったく無益だったから、何も言えなかった。〝ごめんよ〟ですむ問題ではなかったのだ。

二人とも、口には出さなくとも、絶対に認めたくないことを胸中では考えていたと思う――もう、この子は手に負えない。これ以上は無理だとぼくは思っていたし、デレクもそうだっただろう。ただ、デレクはエスターへのぼくの思いもわかっていたし、ぼくがどんなに落胆しているかもわかっていた。たぶんデレクは、ぼくのほうから先に決断を下すことを願っていたと思う。そのときぼくが頭にきて、もうたくさんだ、エスターを手離そう、と言いだしたら、デレクはもろ手をあげて賛成したにちがいない。

実際、気が滅入《めい》るような体験だった。デレクを地下室に残して、ぼくは何度かエスターの様子を見に上にあがった。あの子を見ながら、ああ、人間同士のように語り合えたらな、と思った。見ろ、おまえがそこいら中におしっこやウンチをまき散らすものだから、この家は、おまえの家は、とんでもない有様になってしまったじゃないか、と訴えたかった。

あの子に脳波を発信して――お先真っ暗になると、人は何にでも頼ろうとするものだ――このままじゃおまえと暮らしていけない、頼むからトイレの作法を身につけてくれないか、と訴えたかった。

ぼくが初めて、こらえ性もなく泣きだしたのも、そうして何度か上にあがったときだった。目はエスターに張りついていたけれど、心ではデレクを思っていた。愛するパートナーは地下室でおしっこまみれになっている。それもこれも、みんなぼくが意地を張りつづけたために。階段の最上段にすわって裏庭を眺めているうちに、涙が溢れでた。ぼくはもう、精も根も尽き果てていた。

実はそれまでも、デレクがそばにいないとき、ひそかにすすり泣いたことが何度かあった。エスターを飼って間もない頃は掃除を一手に引き受けていたから、落ち込んだことも再三あったのだ。それでも、すべてはぼくの責任なのだから、デレクの前では平気な顔をしていた。弱気な自分を、見られたくはなかったのである。

意気消沈したところをデレクに見られたら、それを理由にエスターを手離そうと言いだされるのではないかと、それが怖かった。何があろうと、やっぱりエスターは手離せない。あの子がいなくなると想像しただけでも、耐えられなかった。

エスターの遊び場を完全に清掃し終わるまで、地下室と上の階を一時間ほど行き来していただろうか。どうにか掃除し終えると、二人で二階にもどってソファに腰かけた。二人とも、黙り込んでいた。ぼくは怖くて、口をひらけなかった。目前に迫った、禁断の扉を開く瞬間が怖くてたまらなかった。が、とうとうデレクがこちらを向いた。その目に、すべてが現れていた。決着を迫られた問題を、とうとう持ちださなければならない恐れ。いまではぼくに劣らずあの子を愛している者の悲しみ。

「で、どうする?」デレクは訊いてきた。

とうとうそのときが訪れて、二人とも泣きだした。長いあいだにすこしずつ煮詰まってきていた問題。それが、ついに目前にさらされたのだ。それぞれの正直な気持ちを、二人とも、ずっと隠していた。たぶん、これからぼくはどこかでこっそりと泣き、デレクも同じだったと後で知るのだろう。だが、ともかくもその瞬間、ぼくらは結論をだした。

あの子を、手離すしかない。

ぼくは床に横たわって胎児のように丸くなった。赤ん坊のようにワンワン泣いた。犬のシェルビーが寄ってきて隣りに寝そべり、猫がぼくの上にのってきた。デレクも隣りに横たわった。動物たちに囲まれて、二人で泣きつづけた。

どのくらいそうしていたか、わからない。

ただ、だれかが死にかけているような、そんな気がした。

でも、続きを読んでもらえばわかる。

これほどのピンチも、ぼくらは結局乗り切ったのだった。

第四章

天才的な頭脳

こんなことを言うとゲイ根性丸出しと思われるかもしれないが、ぼくとデレクはいつもわが家に誇りを抱いてきた。大邸宅では決してないけれど、この住まいを二人で——正確にはデレクの力で——つねに清潔に保ってきた。インテリアは陽気なファンキー・スタイルの装飾で統一し、庭の手入れも完璧に行ってきた。芝生の美しさなどはこの界隈で最高——お隣りのロルフは、おれんちが一番と言ってるけど、それはない——だと思っている。不意のお客さんがあろうとも、慌てて片づける必要がないくらいに、どこもきちんと整頓されていた。おもてなしの用意は万全。ぼくら自身、人をもてなすのが好きだから、社交生活も活発に楽しんできた。エスターがやってくる前から飼っていた犬や猫はしつけも行き届いていたので、ぼくら二人、めいめい自由に家を出たり入ったりする暮らしに慣れていた。

ところが、エスターが巨大化するにつれ、そんな暮らしは修整の必要に迫られてきた。何よりもまず、どれくらいのスペースならあの子を受け容れられるのか、それに合わせて内部をどう変えればいいのか、確認する必要があった。その〝内部〟には、家そのものの構造や間取りも含まれている。ある日のこと、リビングのサイドテーブルにのっていたランプが吹っ飛ばされた。なぜかというと、エスターがそこで体の向きを変えたからで、つまり、そこにランプ――や、サイドテーブル――を置く余地がなくなってしまったことを意味する。結局、エスターのそのときどきの体格に応じて、吹っ飛ばされるものがないように家の中の模様替えを進めていくことになった。ま、それはたいしたことではなかった。何であれ変化は面白いものだし。ぼくらはあまり形式にこだわるほうではなかったから、模様替えもぜんぜん気にならなかった。だから、必要に応じて学んでいくスタイルでいったわけである。

ところが、この配置ならうまくいくはずだと思っても、エスターの日々刻々変わっていく体格が、それをあっという間に反故《ほご》にしてしまう。だんだんとわかってきた。要はサイドテーブルをこっちに、ランプをあっちに、という場当たり式の解決では間に合わず、わが家を根本から〝エスター仕様〟に改める必要があったのだ。

それを決定的に覚らされたのは、たまにはエスターに留守番をさせてみようと思いついた日だった。別にそう遠くまで出かけるわけではない――近くのスーパーまでいって、二、三、買い物をしようと思ったのだ。その日は朝から家にいて、エスターもすごくお行儀がよかった。ぼくは家の中の掃除をすませ、庭いじりもして、〝これやっといてくれ〟と言われた仕事も片づけ終わっていた。とても気分がよかったし――エスターもお利口さんにしていたから――デレクのための素敵な夕食の材料を買ってくるつもりだった。その夕食が、万事順調にいった日に花を添えられれば言うことはない。

ぼくは張り切っていた。

とにかく、何でも試してみることだ。そう思って、買い物にでかけた。帰ってきたときはすごくいい気分だった。私道に車を乗り入れると、デレクの車がなかったから、その日の青空マジック・ショーからまだもどってないのだとわかった。玄関の扉の鍵をひねって、中に入った。目前の光景が目に入った瞬間、あれ、デレクはぼくがいないとき、エスターにこっそりとマジックを教えたのかな、と思った。なぜなら、留守のあいだに、エスターが魔法を使ったとしか考えられなかったからだ。

でも、実はそれと同時に頭に浮かんだことがあった。これは自分の馬鹿さ加減を告白するようで恥ずかしいのだが、買い物袋を胸に家に入ったとき、ああ、ぼくはここまでわが家をピカピカに磨きあげたのか、と感心したのである。

が、次の瞬間、あっと思った。家の中がピカピカに輝いて見えたのは、油のせいだった！三・七キロ分のマゾーラ・ベジタブル・プラス・コレステロール・フリー料理用オイル。わが家の内部は一面、その油まみれになっていたのである。

あの子がどうやってやったのかは、わからない。ともかくエスターは植物油用の大きな甕《かめ》――あの、側面に取っ手のついているやつ――に首を突っ込んで壊し、中の油をキッチンから廊下から至るところに流出させたのだ。壁にも一面に塗りたくられていて、ポタポタと油が滴り落ちていた。愛しのわが家はそれこそ、あの原油流出事故を引き起こしたタンカーのエクソン・バルディーズ号が、原油ならぬ植物油を垂れ流しながら通り抜けたかのようだった。あの大きな甕は完全に壊れていて、エスターはその中身をわが家のすみずみにまで万遍なく流し、跳ね上げ、塗りたくったのである。証拠は至るところにあった。これはおそらく、『CSI：科学捜査班』にあたらせても、いちばん楽勝で犯人にたどり着くケースだっただろう。というのも、犯行直後に現場から逃走したに相違ないエスターは、油をまいた際、ご丁寧にもその中でしっかりと転げまわっていったからだ。とりわけダイニングとキッチンの壁は、あの子が体をこすりつけた跡が歴然としていた。さぞや楽しかったことだろう。

呆然とその場に立ち尽くして狼藉《ろうぜき》の跡を眺めながら、ぼくの気持ちは底なしに沈んでいた。きょうは何もかもうまくいっていたのに。朝からあんなにうまくいっていたのに。次の瞬間、不吉な疑問が頭をよぎった。

あの子は、エスターは、いまどこにいるのだ？

買い物袋をカウンターに置くなり、油の跡を追った。キッチンから廊下をたどって、寝室のドアの前へ（ひづめが油まみれの容疑者の後を追うのは、シャーロック・ホームズならずとも簡単だ）。ドアの前で目をつぶると、ぼくは祈った。頼む、どうぞベッドにはのっていい、い、い、いませんように。頼むから、ベッドにはのっていませんように。お願いだ、ベッドにはのっていませんように。

ドアをあけた。

あの子はお察しのとおりの場所にいた。

その仕事ぶりの念入りだったこと。あの子はしっかりとベッドの上で転げまわり、シーツの端から端まで、万遍なく油まみれになるようにしていた。そして、いまはそこで平和な眠りをむさぼっていたのである。体中、油でテカテカになって。顔には満足しきった愛らしい笑みが浮かんでいた。おまけに、いびきまでかいていた。そっと揺すぶって起こすのも、ためらわれるほどだった。が、起こさないわけにいかなかった。

〝ブタ・レスリング〟という遊びがある。フェンスで囲まれた泥んこのリングに人が——たいていは子供や若者が——入り、泥だらけのブタをつかまえようと奮闘する。かなり手こずらされるけど、面白い遊びだ。その泥の代わりに油がまかれているところを、想像してほしい。たしかにいま、エスターは動かない——いびきまでかいて、熟睡している。でも、いまのエスターは超豊満なレディなのだ。そのエスターを、油だらけの床に立ってつかまえようとすればどうなるか、想像してほしい。

ドラマは、エスターがちらっと不審そうな目つきでこちらを見た瞬間にはじまった。ぼくは断固、エスターの平和な眠りを破ることにした。ツルツルすべる床に足をとられながら、エスターをベッドから押しだそうとすると——あの子はムッとしたらしい。

しかも、このドラマには〝時計がチクタク〟という要素もからんでいた。ちょうど、破局の瞬間が迫っているためにヒーローの闘いが余計スリリングになる映画のように。急げ、小惑星が地球に激突する前に。急げ、爆弾が炸裂する前に。急げ、ビルが足元から崩壊する前に。

急げ、デレクが帰宅する前に。

映画と比べれば、そんなに切迫したシーンには思えないかもしれない。でも、ぼくにとっては、まさしく生きるか死ぬかの瞬間だった。わが家はメチャメチャ。ディナーもこしらえていない。そしてデレクがいまにも帰ってくる。それなのにエスターは、いびきまでかいて、すやすやと眠っていた。自分がとんでもない災厄をもたらしたこと、おかげでまたしても家族崩壊の危機が迫っていることなど、まったく知らないで。

ぼくは全身の力をこめて、エスターを動かそうとした。あの子にぐっとのしかかり、豊満なボディの下に両手を差し入れて、持ち上げようとした。するとエスターは、あら、パパが遊んでくれるんだ、と思ったらしい。嬉々として逆らいはじめたのだ。かくして、とうとうレスリングがはじまってしまった。あの大作家バーナード・ショーはあるとき言ったことがあるという――〝わたしはずいぶん前に、ブタと格闘するなかれ、という戒律を学んだ。体は泥まみれになるし、おまけにブタは面白がって向かってくるから〟。これほど真実を衝いている言葉はない。

エスターと取っ組み合っているうちに、つい笑いだしていた。何と滑稽なんだ、ぼくの暮らしは。怒りは感じていなかった。エスターにはまったく悪気はないのだから。ぼくはただ、自分の寝室の、自分のベッドから、油まみれの巨大なブタを押しのけようと格闘していた。

そして、やっとのことでエスターをベッドから押しのけると、こんどは狂人のように家の中を掃除しはじめた。とにかく、デレクが帰宅する前に何とかしなければ。それまでは何もかもうまくいっていた。それなのに、またもや大惨事が起きたなどと、デレクに思われたくなかった。それに、こんな出来事がこれからも頻発するとは考えられない。いまはこの惨状をなんとか糊塗して、何もなかったように見せかけることだ。そう、デレクが玄関前に立ったとき、この犯行現場が、あの高級ライフ・スタイル誌『ベター・ホームズ・アンド・ガーデンズ』の読者宅訪問撮影現場に変身しているようにすればいい。だが、現実の作業は、映画の『卒業白書』に『フェリスはある朝突然に』をまぶして、それを……『ゴジラ』で味つけしたようなものだった。

まずはキッチン。次いで廊下、それから壁、最後に寝室。キッチンを掃除しているとき、洗濯機の中ではシーツがぐるぐる回転していた。それでも、どうにかベッドに清潔なシーツを敷き終わり、家全体を最後にもう一度点検したとき、デレクが帰宅する前によくぞここまでやれたものだと、われながら感心した。

が、しかし、一つだけやり残しが……肝心のディナーをこしらえる時間がなかった。そもそもエスターを家に残して出かけたのも、とびきりのディナーを用意するためだったのに。その結果エスターに、一九七五年頃の〝トロピカーナ・ナイトクラブ・ダンサー〟に応募するチャンスを与えてしまったのだ。でも、ともかくも、家の中はきれいになった。

遊ばれていたのはぼくらのほう?

エスターがキッチンを台無しにしたケースはいくつもあげられる。が、最悪なのは、この

〝ベジタブル・オイル・ツナミ事件〟だろう。この事件以降、ぼくらのライフ・スタイルは何かと修整を余儀なくされ、各自が自由に家を出たり入ったりする習慣は吹っ飛んでしまった。二人のどっちかが外出するときは必ずもう一人が家に残って、エスターがおしっこをする際、外につれだすことになった（ペットが勝手に外に出られる〝ドッグ・ドア〟という仕掛けがあるけれど、〝ブーちゃん・ドア〟は非現実的だ）。それと、お客さんの招き方も一変した。従来の〝いつでもいらっしゃい方式〟ではなく、〝ハリケーン・エスター〟が日毎わが家に与えるダメージを斟酌《しんしゃく》した上で、事前にプランを立てるようにした。それから、お客さんの所持品を安全にキープするため、簡単なチェックリストもつくることにした。ワイン・グラスを片手にのんびり談笑するスタイルは過去のものになり、エスターの動向を常に目の隅でとらえつつ語り合う形になった。それもこれも、来客のバッグ、バックパック、ハンドバッグ等があの子の餌食にならないようにするために。

ことほどさように、わずらわしいことばかりだったけれど、たいていのことは冷静に処理できた。ぼくらにとって、ブタを家の中で飼うのは新しい体験だったが、エスターにとっても、ブタとして人間の家の中で暮らすのは新しい体験だったはずなのだ。そしてその間も、あの子は限りない肉体的成長をとげつつ新たな住環境に対応していった。この場合の〝対応〟には、〝勝手に活用〟という意味も含まれている。こちらとしては、とりわけ食べ物に関して、十分以上に用心する必要があった。

まずゴミ缶は、あの子に引っくり返されないように、伸縮性のあるバンジー・コードでしっかり食器棚にくくりつけた。ベビー・フェンスも――短期間ではあったけれど――利用した。冷蔵庫の扉はしっかりしめた上にテープで固定した（この対策は、いまに至るもつづけている）。電子レンジや引き出しもエスターは難なくあけられるから、食材などはあの子の鼻や前足の届かないところにしまう必要があった。とはいえ、食品庫の戸などは、ちゃんと閉めたつもりでも、うまく掛け金のかかっていないときがある。こちらはうっかり見すごしてしまうのだが、エスターはまず見逃さない。で、次に気づいたときには二十五ドル也のシリアルが床に引きずりだされていたりする。

オートミールだろうとスナック類だろうと、ひとたびあの子が乾物類を口にくわえたら、もうあの子のものと認めるしかない。いったんエスターがそれをくわえたら最後、もぎとることは不可能なのだから。骨をくわえた犬のようなもの、と考えればいい。大型の、強健で、利口で、思い込みの激しい犬が、やっとの思いで手に入れた戦利品を口にくわえたら、もう手出しはできない。エスターでも同じこと。もしエスターが、くわえているスナックの袋を奪われそうだと思ったらどうなるか？　あの子はパニックに陥ってトン走する。その際、戦利品をくわえたまま家中を駆けまわるから、袋の中身をそこいら中にばらまいてしまう。もう制止することもできない。

最初のうちは、増える一方の難題に対処するのが大変だった。といって、エスターのやることなすこと、すべてが手に負えなかったわけではない。椅子を引っくり返したり、ドリンクを床にこぼしたり――それくらいは、むしろ可愛げがあった。問題は、それがどんどん積み重なっていくと、ひどいプレッシャーになること。

デレクと比べれば、ぼくはそういう問題にうまく対処できたほうだと思う。デレクの場合、家の中がいつもきちんと整頓された環境で育ったことが影響している。デレクの両親は何でも高い目標を設定するタイプで、彼はそれを達成することに誇りを抱いて育った。家の中はいつも塵《ちり》一つなかった。どこかが壊れたりすると即座に――しかも適切に――修理された。テープを貼って当座をしのぐ、などということは絶対になかったらしい。そんなだから、床に落ちているものでも安心して食べることができたようだ。そんなデレクがわが家の変化に対応していくのは、本当に大変だっただろう。

最大の問題は、休む暇がなかったことだと思う。エスターがそばにいると、何かしら事件が起きるのだから。たとえば、すごいぞ、この子、わかってきたな、と叫びだしたくなる日がある。一日中お行儀が良くて、黄金の天使のようにお利口さんにしているので。ところが、次の瞬間、バーン！　インド産のお米二十五キロ入りの袋が振りまわされて、キッチンの壁に激突する。それから数か月たっても、お米がイースター・エッグのように部屋の隅に散らばっている。ある日、家の中の掃除をしていると、絵の額縁――それも、壁にかかっている額縁――の上に、何週間も前にエスターが散らかしたお米がのっていたりする。でも、怒る気にはなれない。ぼくらが家の中でのブタの飼い方を学んでいるように、エスターもまたブタとして、人間の家の中での暮らし方を学んでいるのに相違ないからだ。ぼくらの訓練法が、

〝試行錯誤〟の枠に入るのはたしかだろう。

あの子が悪さをしたら、罰として地下に閉じこめることにしたのは前にも書いたとおり。でも、結果はかんばしくなかった。何よりも、あれは残酷だった。ジェット旅客機のように泣きわめくあの子を抱えあげて、地下に運んでいくとする。その泣き声が赦し――と自由――をねだっているのか、単純に腹を立てているのか、ぼくらにはわからない。とにかく、罰を受けている間中、あの子はそうしてわめきつづけるのだ。ブタのわめき声を聞いたことがない人にはわからないだろうけど、あれくらい恐ろしいものはない。動物のわめき声なんて、みんなそんなものじゃないの、とあなたは言うかもしれない。信じてほしい、ブタの場合はまったくの〝未知との遭遇〟なのだ。

最初は、まるであの子が拷問を受けているかのような、こちらの肺腑《はいふ》をえぐるような、うめき声ともわめき声ともつかない声を放つ。それがだんだん細くなっていって、最後には、水、水とパンをくれ、と懇願する戦争捕虜のような哀れっぽい声に変わる。なんだか、罰を受けているのはこちらのような気になってしまう。それでついオロオロしてしまうのだが、そういうときもデレクは比較的動じない。とはいえ、あの子のためにも罰は与えなければならず、ときにはそれが永遠につづいたかのような気がするのだが、実際には二十分もたっていなかったりする。

結局のところ、終始遊ばれていたのはぼくらのほうだった。地下室でのお仕置きの最中、エスターがしんと黙り込むことが何度かあった。さては疲れたかな、と思うと、実はあの子、ぼくらの足音が近づいてこないか、じっと耳をすましているのである。いつ自分が解放されるか、その時を待っているのだ。そして足音が聞こえないと、またしても、前より倍も騒々しくわめきだす。もう笑ってしまうくらい頭がよく、しかも、ぼくらの気持ちにつけ入る名人だった。

このお仕置きは効果的だったと言いたいのだが、実はエスターの警戒本能を鋭敏にする効果のほうが大きかったかもしれない。仮にあの子を二つのフレーズで形容するとしたら、こんなところだろうか――あの子は〝利口〟で……〝機を見るに敏〟だと。たとえば、食べ物を盗むとお仕置きをくらう、とわかったとき、あの子はどうしたか？　盗みを止めた？　とんでもない。あの子は、より効果的に逃走できる窃盗法を考えだしてしまうのだ。そう、〝段階式窃盗法〟とでも呼べるやつを。

ブタは犬や猫よりも頭がいい、とよく言われる。が、とてもとても、それどころではない。エスターの考案した方法は天才的だった。エスターなら国際宝石窃盗団のコーチにすらなれるかもしれない。

感情と個性を持った高度に知的な生き物

あの子が何かやってるなと気づいたとき、ぼくらはリビングでテレビを見ていた。リビングとキッチンはぼくの腰くらいの高さの壁で仕切られているから、すわったままではあの子の姿は見えない。でも、何かキッチンでガサガサ音がするので、中腰になって覗いてみた。すると、やっぱり。エスターはいましも食器棚をあけたところだった。ところが、そこであの子はくるっと向き直って、何もとらずにキッチンから出ていってしまったのだ。どうするつもりなんだろう？　ぼくは腰をおろして、そのままキッチンの気配をうかがっていた。数分後、エスターがまたキッチンに引き返してきた。で、こちらも立ちあがって、キッチンのほうにまわった。あの子に気づかれないように一挙一動を見守るつもりだった。キッチンに一歩入ると、エスターはさっき自分であけておいた食器棚から食べ物の入ったかごを引きずりだしたところだった。が、やったのはそこまでで、そのままいったんキッチンから出てゆく。ぼくが入ってきたのに気づいて、逃げだしたのかな、と思った。で、かごを食器棚にもどし、戸を閉めてリビングに引き返した。

それから十分後、また物音がするのでそっちを見ると、またしても――。食器棚があけられていたが、エスターはこんども何もとらずにキッチンからさりげなく出てゆく。ぼくはデレクを呼び、すべて見通せる場所に二人で腰をおろした。エスターはしばらく間をおいてからキッチンにもどってきた。そして、前と同じかごを引きずりだしておいてから、また知らん顔で出ていった――やはり何もとらずに、手ぶらで――というかひづめぶらで。

二人で思わず顔を見合わせた。どういうつもりなんだろう、あの子は？

ぼくらはそのまま待った。すると、十五分ほどたった頃、エスターがすました顔でもどってきた。そして、〝ちょっと忘れ物〟とでも言わんばかりの顔でキッチンに入ってきた。次の瞬間……ジャーン！　引きずりだしておいたかごから速攻でパスタの袋をくわえるが早いか、くるっと向き直って廊下をとっとと駆けていったのである……。

　ぼくとデレクは呆然と顔を見合わせた。いまのは何だ？　あれこそはエスター考案の三段階窃盗法？

　二人で一緒に暮らしはじめてからさまざまなペットを飼ってきたが、これはまったく新しい体験だった。エスターをしつけるのは、犬をしつけるのとは次元がちがう。エスターは感情と個性を持った高度に知的な生き物、あらゆる局面でぼくらに挑んでくる生き物だった。そしてあの子は、ときにこん畜生と思わされることはあっても、十分尊敬に値する、賛嘆すべき敵でもあった。

　およそどんな役でも、あの子はとことん演じ切る。花の主演女優として、大向《おおむ》こうを唸らせる堂々たる演技をやってのける――それこそ『アメリカン・ホラー・ストーリー：呪いの館』におけるジェシカ・ラングのブタ娘ヴァージョンのように。一例をあげると、あの子は床を舐めるときにこんなことをする――それは得意がっているときの仕草なのだが、頭を垂れると鼻を床に、まるでそこに吸いついてしまったかのように、ぺたっと押しつけるのだ。あの巧妙な強奪作戦を敢行するときも、獲物からちょっと離れたところでこの仕草をすることがある。そして、あたし、食器棚なんかにはまったく興味がないんだもん、とでも言いたげな顔で近くを歩きまわる――タリ、ラリ、ラン、あたしはただのブタ娘。悪いことなんか絶対にしないもんね。だから、かまわないでね。

これがわが家の箱入り娘なのだ。ときにはとんでもない頭痛の種だが、その天才ぶりにはいつも驚嘆させられる。しかもあの子はたいてい、ぼくらに泣きの涙を流させるときに天才ぶりを発揮する。まあ、ある種の天才ぶりというか。そして朝から一日中ぼくらに頭痛を与えておきながら、寝るときになると、人が変わったように――というか、ブタが変わったように――甘えてくる。それで、つい思ってしまうのだ――この狭い家をどんなに荒らしまくろうと、この子はやっぱり愛すべきブタ、最後にはこうして隣りに横になって、こちらのわきの下に顔を突っ込んで眠るのだから。そんなとき、ぼくは本当にメロメロになってしまう。そうでない人間なんて、いるだろうか？　あの子は要するに、こちらに優しくかまってもらいたい、大きな赤ちゃんなのである。そして、もしこの家にこなかったら、あの子はどんな運命をたどっただろうと考えると、この先、可能な限り最高の暮らし方をさせてやりたいとつくづく思う。エスターは、単なる〝変り者の犬〟とはちがう。あのままいけば、だれかの――おそらくは数人の――ディナーになる運命だった。その運命から、この素晴らしい子を、かけがえのない家族の一員を、救うことができたと思えば、多少の頭痛など何でもなかった。

エスターの「鼻」は魔法の杖《つえ》

わが家を〝エスター仕様〟に変えていく過程で、あの小さなシャベルのような鼻の性能についてもぼくらは学んだ。あれは、どんなものにならもぐり込め、どんなものにならもぐり込めないのか（答え：あの子の鼻がもぐり込めないものは、まずほとんどない）。

エスターの水飲み用のボウルが問題になったときも、あの子は強力な敵として立ちはだかった。このときの対決こそは、エスターとの長い戦争におけるウォータールーの決戦だった。ボウルはかなり大きめで相当量の水が入るのだが、エスターはこれを引っくり返すのが何よりも楽しい様子だった。いったい何が楽しいのか、わからない。たぶん、やれるからやっているだけなのだろう——ワンコたちが自分のあそこを舐めるように。いずれにしろ、ボウルはやすやすと引っくり返されて、あたり一面、水びたしになってしまう。

最初は、こんなのたいした問題ではないと思った。ボウルに入れておく水を減らせば、被害も軽くてすむのだから。で、ぼくらはボウルに注ぐ水を自動的に調節できる大型給水タンクを用意した。これなら、ボウルを引っくり返されても大量の水がこぼれる心配はない。楽勝だと思った。で、このタンクを食器棚の背後にバンジー・コードでくくりつけた。見込み通り、最初はうまくいった。が、そのうちバンジー・コードの弾力が失われてきた。そうなると、エスターはタンクの背面の隙間に容易に鼻面を突っ込める。

となれば、結果はもうおわかりだろう。

エスターがタンクを引っくり返してくれた日、わが家は大混乱に陥った。あのノアでさえ、こんな洪水にはお手上げだったにちがいない。水は奔流となってキッチンとリビングの床を洗った。犬と猫はなんとか水を逃れようとソファに飛びのった。ルーベンは寝室に逃げ込み、シェルビーは途方に暮れ、エスターは水たまりに寝ころんで、これ最高、とばかり、バシャバシャと転げまわった。(あの子にとっては、たしかに最高だったのだろう)。

負けるものかと、ぼくらはその挑戦に応じた。いや、正確に言えばデレクが応じた――彼はお父さんから手先の器用さを受け継いでいたから。デレクは水飲み用のボウルを壁にネジ止めすることにしたのだった。エスターめ、やれるものなら、やってみろ。作業を終えた後、両腕を組んで満足げに自分の仕事の成果を眺めていたデレクの姿が忘れられない。ところが――エスターはそのネジを難なく引っこ抜いて、またまたボウルを引っくり返してみせた。唖然として惨状を眺めていたデレクの表情も、やはり忘れられない(このボウルにはいつも、十二リットル分の水が入っているのだ)。戦いはつづく。次にぼくらが打った手は、直径七十六センチ、深さがたった八センチという超薄型のボウルを用意することだった。これだけ平べったければ、そう簡単には引っくり返せまいと思ったから。結果がどうだったか、ご想像どおりなので、もう書かない。

結果的に、この戦いの決め手になったのが何だったかといえば――その理由はいまに至るもわからないのだけれど――あの子の水飲み用ボウルに入れたほんの少量のジュースだった。まさか、とだれしも思うだろう。ある日のこと、エスターが珍しく元気がないのに気づいたのがきっかけだった。わが家にきてから初めて、あの子はまずそうに食べ物をつついていた。

水遊びが何よりも大好きなエスターに、パパたちはプールをプレゼントした

水の中でバシャバシャ転げまわるのが、エスターの最高の喜び。でもパパたちにとっては……

歩調ものろくさして、頭を低く垂れている。調子が悪いときのぼくみたいだった。鳴き方も頼りなく、低く唸るだけで覇気がない。目や顔の表情からも、何を言いたいのか読みとれなかった。いつもの陽気なエスターとはまるで別ブタのよう。明らかに気分が〝沈んで〟いて、外にも出たがらない。ただのっそりと家の中を歩いては小さな唸り声をあげ、いつもは寄りつかない場所に途方に暮れたように立っていた。

この体調不良の期間、何より目立ったのは水を飲まないことだった。あの子は水が大好きなのに――飲むのも、その中で転げまわるのも――ほとんど飲まなくなってしまった。こいつはおかしい。ぼくは心配でたまらず、なんとか治してやるためにも、あの子の心中の思いを知りたかった。が、動物が相手の常で――人間の赤ちゃんの場合も同じだと思うが――正確な意思疎通ができないものだから、心細いと言ったらなかった。うちの箱入り娘はどうなってしまったんだろう、いったい?

とりあえず、赤ちゃんを心配するお母さんのように、獣医に連絡した。原因を知りたくてたまらなかった。獣医の話では、ブタも人間と同様、ふつうの風邪にかかりやすい、エスターはたぶんウィルスに感染しているのだろうから、水をたくさん飲ませておやりなさい、とのこと。もしペットのブタが脱水症状に陥っていたら水飲みのボウルにフルーツジュースを少量加えるといい、ということを何かで読んだ覚えがあった。で、その勧めに従ったところ、たしかに、エスターは喜んで飲んでくれた。一つの発見は、その際ボウルを引っくり返したりもしなかったこと。で、その後も水にジュースを加えるようにすると、エスターは喜んで飲んでくれた。ウィルスは見事に排出されて、エスターは元気をとりもどした。

ぼくらのプリンセスはまた陽気で健康な娘にもどった。ぼくはほっとした。やったぁ、と叫びたい気分だった。

で、水にジュースを加えるのも中止した。

すると、あの子は飲もうとしない。

それればかりか――。ご想像のとおり、あの子はまたボウルを引っくり返しはじめた。ジュースを飲ませると、実にお淑《しと》やかなレディ。ただの水を飲ませると、手のつけられないじゃじゃ馬娘。ボウルを引っくり返して、〝どう、まいった?〟と言わんばかりにあの子はこちらを見る。

それを境に、エスターの水にはいつもジュースを加えることにした。それでだれもがハッピーになった。結局、しつけられているのはどっちなのか。ぼくらなのか、それともエスターなのか。でも、ともかくも、そういう結果になった。この習慣はいまもつづけている。

冷蔵庫をめぐる頭脳戦

もちろん、たとえ完璧な対策を施したと思っても、裏切られることはしょっちゅうあった。いい例がガステーブルにのせた食料品だ(大型犬を飼っている方なら、ハハーン、と思うかもしれない)。ぼくらの腰ぐらいの高さのガステーブルなら、食料品をのせておいても大丈夫だろうと思っていた。もっと低い棚なら鼻を突っ込まれてしまうし、冷蔵庫のドアもテープでしっかり閉じておく必要がある。それはわかっていた。でも、まさかあの子がガステーブルにのせた食料品にまで手を――というか、ひづめを――かけられるとは予想もしていなかった。だから、想像していただきたい、ぼくが何気なしにキッチンに入っていったところ、エスターがガステーブルの前に二本足で立って（そうすると、ぼくよりも身長が高かった）、食料品の袋に鼻を突っ込んでいる光景に出くわしたときの驚きを。ぼくは反射的に、あらんかぎりの声を張りあげてエスターの名を叫んでいた。

エスターも仰天したらしい。

このときもまた、あの子を驚かせるとろくなことはない、という教訓を思い知らされた。なぜならあの子は、犯行現場から即刻逃れようとして、ガステーブルを倒してしまったのである。ぼくの叫び声か、のっていた食料品ごとガステーブルが床に倒れた音か、どっちに余計驚いたのかわからない。が、エスターはキッチンから飛びだすなり廊下をとっととトン走していった。

あれ以来、ガステーブルは壊れたまま。冷蔵庫のドアも、エスターが一日に三十回はあけるものだから、壊れてしまった。当時はまだ冷蔵庫に食品を貯蔵していたからである。エスターは重要なことを決して忘れない。あの子の頭の中には、冷凍エダマメの記憶がキャンディのように甘く刻まれているのだ。このエダマメに関しては、忘れがたい事件がある――あの子が冷凍エダマメの袋をくわえているのを発見して、もぎとろうと引っぱりっこになり……

冷蔵庫のドアも壊れてしまった

エスターの鼻にかかれば、冷蔵庫内のブロッコリーもこの通り

どちらも譲らないちに——ベリベリッ！　袋が裂けてエダマメの雨がキッチンに降ったのだった（ハレルヤ！）。

学んだ教訓は多岐にわたっていた——同じ教訓を何度も学ばされたこともある。そして最終的に出した結論は、エスターの手が——というか、ひづめや鼻が——届くようなものは一切キッチンに保管しないほうがいい、という戒めだった。そして、後日、あの家から引っ越すことになった際も、家をあけるときは依然として冷蔵庫のドアをテープで閉じておかなければならなかった。隙さえあれば冷蔵庫に鼻を突っ込むエスターの習慣は変わらなかったからだ。もう何もないとわかっていても、もしかしたら魔法のように何かが入っているかもしれないと、エスターは思うのだろう。

エスターとの闘いは、虚々実々の頭脳戦だった。あの子はとにかく頭の回転が速いから、ときどきあの子を出し抜いてやったと思ったときなど、ぼくら二人で祝杯をあげたくなったくらいだ。考えてみると恥ずかしい。いい年をした大人二人が、ブタに冷蔵庫のドアをあけさせないテープを見つけたというので、シャンペンを飲み交わしたりするのだから。でも、とにかくあの子は利口だから、どんな防御措置でも数回は試さないと効き目がわからないのだ。それは一つのゲームも同然で、勝利をあげたときはしみじみと嬉しかったし、そのたびにエスターへの愛は深まった。なぜなら、そういう駆け引きがどんなに浮世離れしていよう

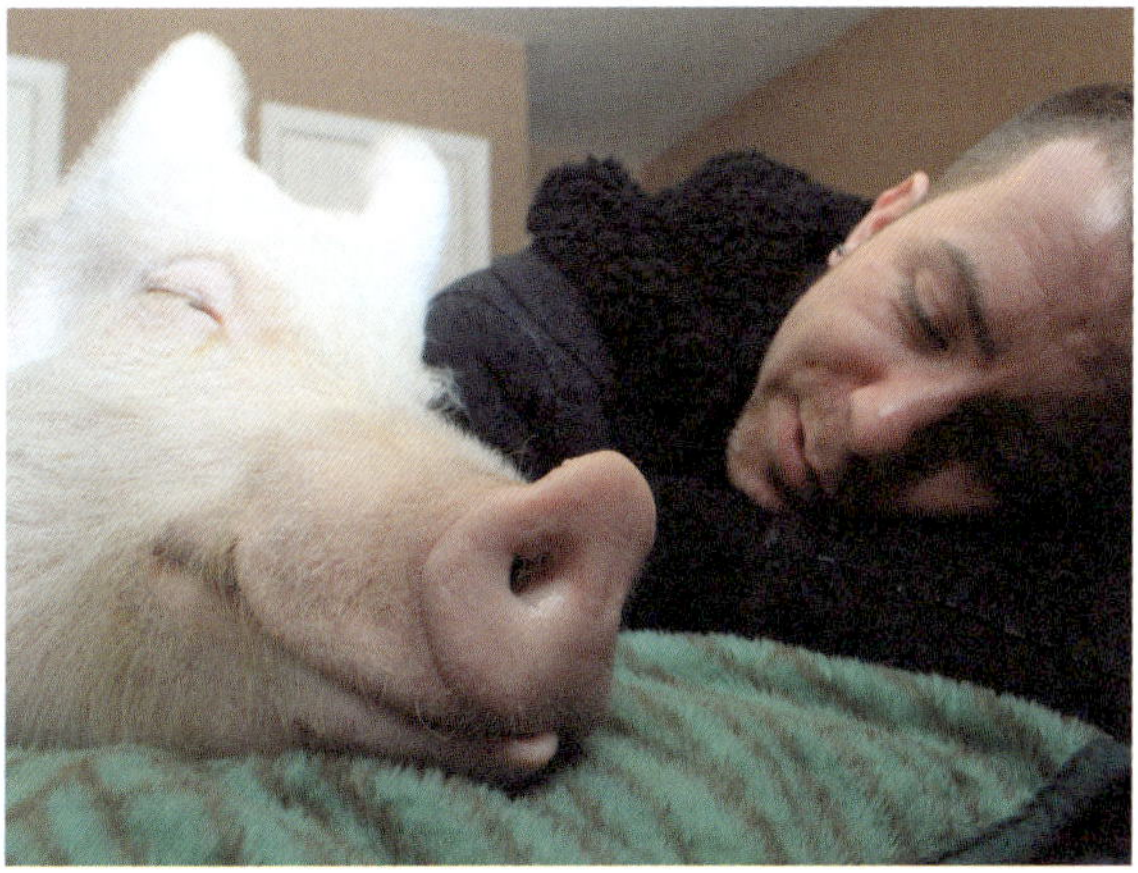

デレクに添い寝してもらう
エスター。この幸せな瞬間
があるから、しつけの苦労
も一瞬で忘れてしまう

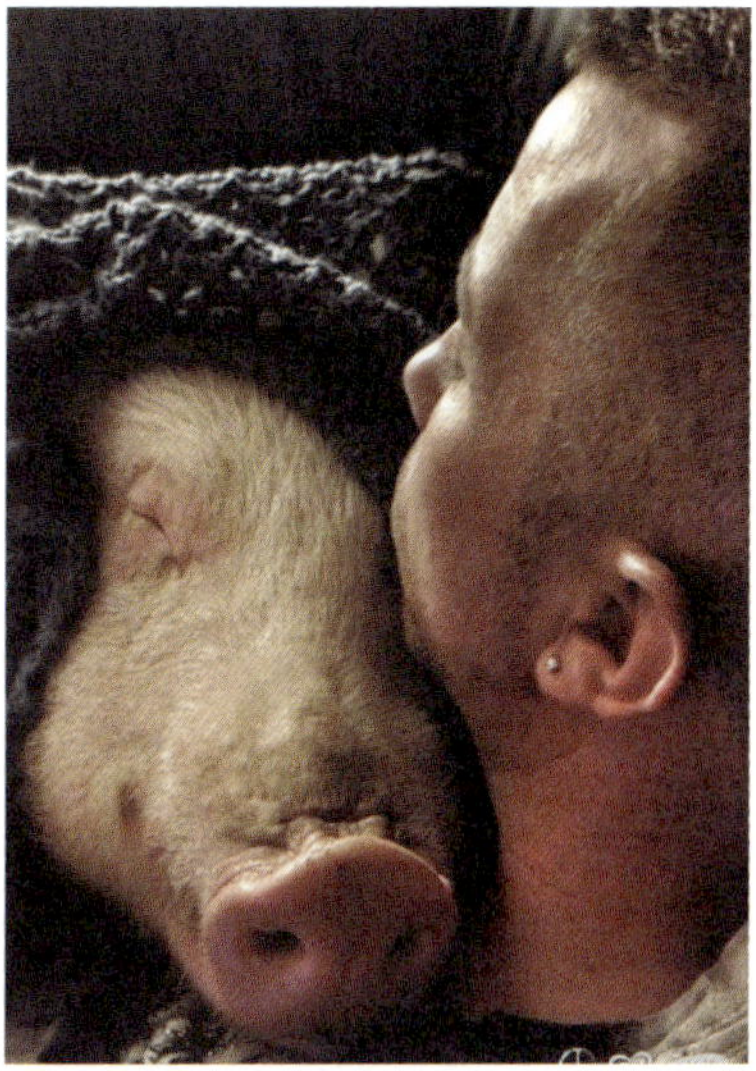

「パパたち大好き！」と、
鼻をすりすり、顔をぐいぐ
いと押しつけて甘えてくる
エスター

と……あの子がぼくらのまな娘であることに変わりはなかったから。こちらにぐいぐい顔を押しつけてきて、あたし、パパたちが大好き、という意思を伝えようとするあの子を見ると、もうこの世で欲しいものなど何もないと思ってしまう。どんな苦労も吹っ飛んでしまう上に、それ以上のおまけがあるからである。

エスター七変化①

フェイスブックに投稿されたエスターの仮装シーン。どこからどう見てもエスターなのだけれど。

これを見てエスターを食べたいと思う人はいないはず。

エスター七変化②

あたしエスターですけど、何か？　これもエスター、あれもエスター。
エスター自身、仮装を楽しんでいる？　目指せ、ブタ界のファッション・リーダー！

プール大好き！

水を浴びて、巨体を撫でてもらって、ああ天国。
はしゃいだ拍子に、芝生にゴロン（中央・左）。

どろんこ
エスター

地面を鼻でほじくり返すのが、エスターの天職。掘って、掘って、泥まみれになった後は、もちろん、パパに巨体を洗ってもらう。

「何作ってるの？」

すこしでもおなかがすくと、足音も高らかに、鼻を鳴らしてパパたちにごはんを催促する。

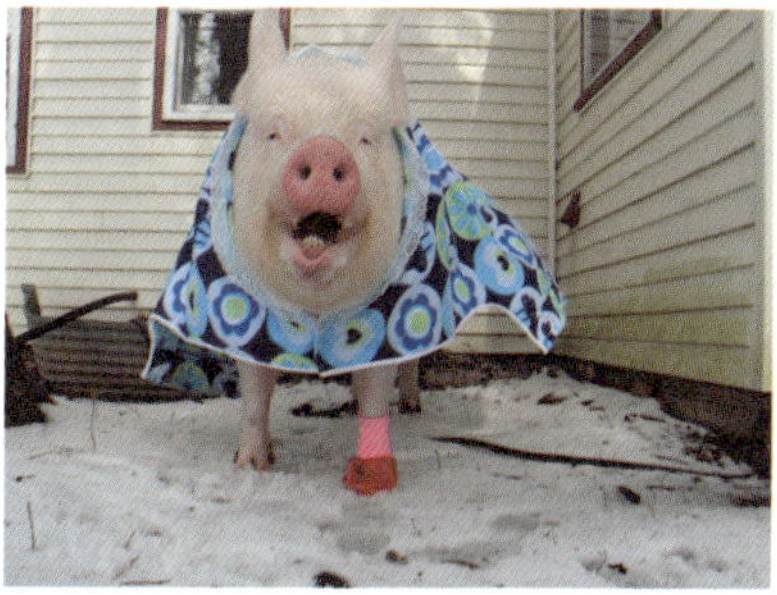

「ねえねえ、遊んでよ！」

フゴ、ンゴ、ウゴーッ。エスターのど迫力の叫び声は、一度聞いたら忘れられない。

仲良し大家族

犬のルービンとシェルビー、
猫のフィネガンとドロレスは、
赤ちゃんの頃からの仲良し。
サイズはいまや大逆転。エス
ターの鼻をぺろぺろしている
のはシェルビー（下・左）。

第五章

運命が変わった日

クリスマス休暇が近づいてきて、エスターの体重は二百キロに肉薄。この時節、だれもが家族の近況を知ろうとする。最新の家族の状況を教え合う家族新聞を編む人たちも、まだいることだろう。だが、最近はソーシャル・メディアの発達で、自分たちの動静はみんな家族に知られているかもしれない——ただ、エスターに関しては、ぼくらがあの子を飼っている事実は知られていても、それ以上の情報は洩れていないはずだった。あの子のことはなるべく秘密にしていたから、写真もそう人目には触れていなかった。

エスターのことを秘密にしていたのは、この地で商業用のブタを飼うのは法律違反だからだ。あの子のような〝有蹄《ゆうてい》〟の家畜は一般市民が飼ってはならない、と条例で規定されている。町によって条例は異なるものの、この種の動物を飼うのが違法行為である点ではどこも共通している。それでぼくらは、エスターの存在を隠してきたのだった。

この法律違反の件はエスターを引きとる前から知っていたので、特に耳新しいものではない。実はアマンダからエスターの引き取りを打診されたとき、ぼくはいち早く条例や法律をチェックして、あの子を飼うのが違法であることを確認していた（ここまで読んでくださった方なら、ぼくという人間が〝まず既成事実をつくってから許しを乞う〟タイプの典型であることをご存知だと思う）。

でも、ブタといったってエスターはミニ・サイズなのだから――今後もそれは変わらないと信じるほどぼくはウブだった――こんなくだらない条例の網の目など、簡単に通り抜けてみせるという自信があった。万が一バレたら、そのときは〝後であやまる作戦〟を発動して、知らなかったふりをすればいい。え、ひづめのある動物はダメなんですか？　まさか！　じゃ、ブタを飼っちゃだめなの、この町では？　知らなかったな！　そういうノリでいけばいい。

すこしでも人目を遮るために、いずれ家の周囲にはフェンスをめぐらすつもりだったし、現に犬を二匹飼っているので、たとえだれかに見られても、子犬に間違えられるだろうと思っていた。そう、くしゃっとつぶれた鼻の、ピンク色の子犬に。それに、近所の人たちともすごくいい関係を保っていたから、密告されるような心配もなかった。

幸い秘密は保たれて、エスターを実際に見たことがあるのはごく近しい友人や家族に限られていた。彼らのために、ぼくらはいずれフェイスブックにエスターのことを書くつもりでいた。そう頻繁にわが家を訪問できない友人たちや家族に、エスターの近況を写真で見てもらって、ぼくらとエスターの暮らしぶりを知ってもらおうと思ったのだ。

そしてとうとうある日、ぼくらは本当にフェイスブックにエスターのページを開設したのである。

具体的にどうスタートを切ったかというと――その夜、ぼくとデレクはオレンジヴィルに住むぼくの叔父夫婦のところで夕食を招《よ》ばれることになっていた。二〇一三年十二月四日のことだった。出かける時間がきたとき、デレクは着替えをはじめたが、ぼくはまだフェイスブックのページをひらいていた。自分の不動産ビジネス用につくったページの編集をしていたのだ。それをすませてから、こんどはエスターのページの開設にとりかかった。ページの作り方には慣れていて、必要なアプリもスマホに仕込んであったから、ソファにすわったまま、スマホに入れてあるエスターの写真だけを使って作業をつづけた。

デレクは一足早く着替えをすませてしまい、戸口に立って、おい、まだかよ、と言わんばかりに靴をこつこつと踏み鳴らす。ぼくはしゃかりきになって、プロフィールを書きあげようとしていた。最初のページの写真は二枚から三枚。そこに、〝家の中で暮らすブタって見たことある?〟という見出しをつけた。詳しい説明は省いた。なぜなら、このページをどういうトーンでまとめたらいいか、ぼく自身、まだわからなかったからである。このページの効果も、あまり重視してはいなかった。そもそも、だれがこのページを見てくれるのかもわからないのだから。コートを着たデレクが戸口に立って、そろそろいかないと、と催促したときには、よし、もうどうにでもなれ、と思った。〝最初の投稿〟を選んで、〝投稿〟ボタンを押す。それでOK。ディナーの時間に遅れそうなので、玄関から飛びだしてオレンジヴィルに急行した。

車のハンドルはぼくが握っていたのだが、走りだして数分ほどたったとき、ちょっとスマホを見てみないか、とデレクに促した。ふだんなら、こういうことはしない。デレクがフェイスブックをやっていてぼくが運転していると、こっちは単なるお抱え運転手みたいな気がするので。でも、いまは別だった。デレクにぜひ見てもらいたかった。不審げなデレクに、ぼくは説明した。

「エスターだけどさ、あの子、フェイスブックに自分のページを持ったみたいだぜ」

デレクの訝しげな顔が……さらに訝しげになった。

「というと、あの子が自分で開設したってのか？」出発するまでぼくが何に熱中していたのか、ようやくわかったらしい。

デレクはフェイスブックのページをひらいた。プロフィールを読み終わるとすぐに、おれもすこしつけ加えたいな、と言う。で、デレクも管理人にした。ぼくのスマホを渡して、好きなようにつけ加えてくれ、と言うと、デレクはいろいろと操作しはじめた。ドライヴの間中、ぼくらはこのページに寄せられた〝いいね！〟とコメントを見つづけた。デレクが声に出して読みあげ、二人で笑い合った。ページの設定についても話し合い、エスターを〝ペット〟にするか〝著名人〟にするか迷ったあげく、〝ペット〟にすることで落ち着いた。

それがどういう事態に発展するか、ぼくらには予想もできなかった。

フェイスブックで人気爆発

オレンジヴィルに着く頃、エスターのページには早くも百人のフォロワーがついていた。たった四十五分のドライヴのあいだに、だ。これだけの数の〝いいね！〟やコメントは、いったいどこからくるのだろう？　それも、こんな短時間に？　ディナーを終えてページを見ると、〝いいね！〟は百五十以上に増えていた。たかだか二、三時間のあいだに。ぼくは舞いあがってしまった。すごいな、このスピード。叔父のスチューにもページを見せた。彼も、最初からこのページを見せる予定のメンバーに入っていたからだ。叔父も、この百五十人はどういう連中なんだ、と驚いていた。

この叔父スチューと叔母のエリンは、とても愉快なカップルだった。二人とも、すごいユーモアのセンスの持ち主で、スチューが傑作な話を披露すると、エリンは首を振りながらぼくらと一緒に笑い転げる、といったふうだった。だから、狭い家に巨大なブタを飼って困っているぼくらを見ると、愉快でたまらないらしい。まあ、活発な子じゃないの、などとのたまわってくれる。それでぼくは、いまもふざけて、この叔父夫婦をエスターの〝代父母〟と呼んでいる。

食事のあいだに、ぼくはもう一枚写真をフェイスブックにアップして、こっそりと反応をうかがっていた。すっかり忘れていた旧友たちと並んで、知らない名前もたくさん登場していた。叔父夫婦の家を辞する頃には、〝いいね！〟は三百近くに増えていて、翌朝には千に、その翌日には二千に達した。そしてエスターのページは、そこから軽々と離陸したのである。

これはいったいどういうことなのか、ぼくらには理解できなかった。後でわかったのは、フォロワーの多くが最初の三日間に登場したということ。そして彼らの大半が、ぼくらのページをシェアしている〝ブタを救うトロントの会〟の友人がらみでアクセスしてきたことだった。

だから、最初に反応したのは動物の権利に敏感な人たちであって、ヴィーガンの人たちからの強い支持もあった。その後からごく一般の人たちもこのページに気づき、エスターに惚れ込んでくれたのだった。その辺から、このページの人気が爆発的に上昇したのである。

われながら、これってすごいことだと思うのだ。

でも、それが……。

エスター強制連行の危機!?

ページ開設から十日ほどたつと、ぼくらはパニックに襲われはじめた。エスターのページには、いまや六千人のフォロワーがいた。小さな町で暮らすぼくは、それまでフェイスブックのささやかなビジネス・ページを三年つづけていて、フォロワーが二百五十人くらいだった。だから六千人という数は、ほとんど世界中も同然に思えたのだ。しかも、この人気沸騰ぶりは、深刻な問題につながりかねなかった。ぼくらはエスターを家で飼うという違法行為を犯している。六千人ものフォロワーの中には、その事実に目を留める人物もいるかもしれない。たとえば、そうした行為に常々目を光らせている都市計画担当のお役人とか……。（これを言ってしまうと、じゃあ、おまえはそもそも秘密が露見してしまうようなページをなんでつくったんだ、と突っ込まれるかもしれない。それをもっと早く言ってくれれば、と思う。ぼくはフェイスブックを知り尽くしているマーク・ザッカーバーグではないんだし。猪突猛《ちょとつもう》

進《しん》型のどうしようもない男なので）

ぼくはまた、この六千人はみなジョージタウンの住民で、いつぼくらを訴え出てもおかしくないと考えるほど幼稚でもあった。最悪の事態を恐れたあまり、彼らがいまにも押し寄せてきて、エスターをヴァンで連れ去ってしまうかもしれないと信じ込んでしまった（ぼくは昔から想像力が豊かで、何事も大げさに考える癖があった）。で、フェイスブックの閉鎖を考える一方、ぼくらがいったいどんな墓穴を掘ってしまったのか正確に知ろうと思い、ある弁護士のところに相談に出かけた。

エスターを家で飼うのは間違いなく不法行為である。それを確認した上で、それでも飼いつづけた場合はどうなるか、弁護士は具体的に説明してくれた。それによると、当局の人間が実際にぼくらからエスターをとりあげるまでには約八か月かかるだろうという。最初は当局がぼくらに罰金を科す。ぼくらはもちろん罰金を払うが、エスターを手離さない。すると当局は再度罰金を科す。その段階で問題は法廷に持ち込まれ、にっちもさっちもいかなくなって、最終的には、エスターを手離せという命令書が当局からぼくらに手渡される。

というわけで、この結論はグッド・ニュースではないにせよ――別にグッド・ニュースを期待していたわけではないけれど――ある日突然当局の人間が現れて強引にエスターを連れ去るわけではないことがはっきりした。それはグッド・ニュースだった。フェイスブックのページがあれよあれよという間に人気化して以来、何より恐れていた事態は避けられるかもしれない。仮に当局の人間が気づいて、ぼくらを断念させようとしても、最終決着までには相当の紆余曲折《うよきょくせつ》が予想されるはずだ。似たような例はいくらでもある——とにかく、突然エスターと泣き別れ、という悲劇が回避できることだけははっきりした。

最終的な決着まで、約八か月——それも、当局の人間に気づかれてから八か月だが、目をつけられた徴候はまだない。それでも、必要な対策は練っておきたかった。いずれにしろ、いつかは引っ越す必要があることは、ぼくもデレクも覚悟していたのである。エスターの成長はなおも止まらず、最終的にどのくらい巨大化するのかわからない以上、どこか郊外に合法的な土地を求めたほうがいいということは、二人ですでに了解し合っていた。だから八か月の猶予は、その判断に法的な強制力が付加されたことを意味していた。

とはいえ八か月間を持ちこたえようとすれば、相当の出血を覚悟しなければならない。払える余裕のない訴訟費用の負担に加えて、勝つ見込みゼロの裁判を闘わなければならない。負けた場合には、エスターを連れてどこかに引っ越すか、またはエスターを引き渡して現在の住所に留まるか、二つに一つ（もちろん、後者の道を選ぶつもりはなかったが）。

じゃあどこかに引っ越そうか、ということになったとする。それもまた問題含みだった。ぼくらに買収可能で、しかもエスターに適した郊外の土地があったとして、そこでぼくもデレクも現在の本業をつづけられるかどうか。ジョージタウンは万事物価のかさむ場所だから、郊外といってもこちらの予算内におさまる土地はかなり辺鄙《へんぴ》な場所、ガソリン・スタンドのそばとか、それに類したお寒い場所になるだろう。

それでも、弁護士事務所を後にしたぼくらは、プラス・マイナスを秤《はかり》にかけて、フェイスブックのエスターのページは存続させることに決めた。エスターを手離すつもりなど毛頭なかったから、みんなで安心して暮らせる場所探しも急務になった。遅かれ早かれ、そのときはやってくる。必要は発明の母というけれど、ぼくらは〈必要条件〉を満たす土地探しに全力を注ぐことにした。

フォロワーの数が三万人に！

その間も、エスターのページの人気はうなぎのぼり。何千人という新規フォロワーが生まれて、みなエスターに惚れ込んでいた。まさか、こんな現象が起きるなんて。二〇一四年一月の第一週が終わる頃には報道各社の取材も殺到し、『トロント・スター』紙などはまるまる一ページのエスター特集を組んでくれた（ぼくらは明らかに全マスコミの注目の的になりつつあったのだ。その時点では、〝どうなってるのかな、これ。まあ、流れに任せるか〟という感じだったのだが）。

エスターのページのフォロワーはみるみるうちに――正確には開設から四十五日後に――三万人に達した。いったいぜんたい、なんでこんなことに。ぼくらには依然理解できなかった。エスターとの暮らしが、なぜこれほど話題を呼ぶのだろう。

そうして人気は急上昇したものの、肝心のエスターのページはまだこれという方向性を欠いていた。それは認めざるを得なかった。はっきりしていたのは、当初、ヴィーガンの人たちからの支持が大きかったこと。それでぼくらは当面ヴィーガン寄りの色彩を強めることで、彼らの支持に応えることにした。ヴィーガン関連の情報を多く取り入れ、良質の植物性食品の話題なども盛り込むようにした。すると間もなく、ヴィーガンの人たちと非ヴィーガンの人たちとのあいだでいがみ合いがはじまってしまった。これは予想もしなかった事態で、困ったな、と頭を抱えた。

〝動物の権利推進のための虐待廃止アプローチ〟と称する活動のことを、ぼくらはひそかに〝ナチ・ヴィーガン運動〟と呼んでいて、この運動にはあまり好感が持てなかった。運動をはじめた人たちの動機は立派でも、すべてを白か黒かで断罪する姿勢や、自分たちの意に染《そ》まないと、たとえ前向きの変化だろうと厳しく糾弾する姿勢はどうかと思うのだ。彼らはぼくらのページにもしつこくメッセージを寄せて、ぼくらの行動を批判する。それだけならまだしも、ぼくらのフォロワーまで批判する。要はぼくらのページをハイジャックして、自分たちの独善的な理念を宣伝したいのだ。そうすることで、エスターと親しくなりたいだけのフォロワーを駆逐しようとしているのである。

たとえば、あるとき一人の女性がこういうメッセージを寄せてくれた――〝ぜひ知っていただきたいんです、あたし、エスターのおかげで豚肉と縁を切ることができました！〟

ぼくらにとって、これは大ニュースだった。いずれ〝エスター効果〟と呼ぶことになるこうした現象について、まだ正確に把握できてはいなかったにせよ、こういう女性が出現したのは大勝利だった。これこそ大きな前進だと思ったから、その女性にもそう伝えた。〝おめでとう、それは大きな一歩だと思います！〟

ところが、教条的なヴィーガンの連中は、それが気に入らなかった。彼らは、豚肉と縁を切っただけで何が嬉しいんだ、とその女性を責め、そういう女性を賛美するとは何事だ、とぼくらを非難した。

でも、ちょっと待ってほしい。

その頃、ぼくとデレクはヴィーガンになっていたから、だれにしろ、豚肉と縁を切った段階で止まってほしくはなかった。フォロワーたちには、動物由来の食品すべてと絶縁してほしいと願っていた。しかし、だからといって、その方向にささやかな一歩を踏みだした人を頭ごなしに叱りつけることはないと思う。自分がその人になったつもりで考えてみよう。〝きみらのおかげで、ぼく、ライフスタイルをちょっと変えてみたぜ〟というメッセージを書き送ったところが、〝それくらいで満足しちゃだめだな、もっと、これこれこういうことをしなきゃ〟などと相手が言ってきたら、ぼくは頭にくるだろう。〝ふん、勝手にしやがれ！〟と言って、もうその人物とは縁を切ると思う。

だからぼくらは、ささやかな一歩を踏みだした人たちを祝福したのに、それじゃだめだ、と非難されてしまう。〝ナチ・ヴィーガン〟の連中は、ぼくらの祝福に難癖をつけて、こんなことまで言う――〝それで本当のヴィーガンと言えるのか？　ブタは鶏や牛より貴重だと、おまえは言いたいのか？〟

もちろん、ぼくらはそんなことなど言っちゃいない。ところが彼らは、〝ヴィーガン原理主義〟とでも言うべきものを振りかざして、真のヴィーガンこそは唯一の道徳的選択だ、という趣旨のメッセージを飽くことなく送りつけてくる。その種の強硬論は、ぼくらが目指す目的を達成する上で何の助けにもなりはしない。

エスターのページの方向性を煮詰めようとしていた頃、ぼくらはそういう混乱状態の渦中にいたのだった。ちょっとしたジョークでも、けしからん、と非難する料簡《りょうけん》の狭い人間もいた。あるとき、エスターの巨大なお尻の写真をアップし、〝お騒がせセレブ〟のキム・カーダシアンにひっかけて、〝たんと召しあがれ、キム・カーダシアン！〟というフレーズを添えたところ、なんてことを言うんだ、と嚙みついてきた連中がいたのには驚いた。ぼくらはエスターを性的にもてあそんでいる、と主張する者まで現れた。それ、本気で言ってるの、と訊きたくなる。馬鹿馬鹿しいもいいところだった。そういうコメントは、ぼくらよりも彼ら自身の人間性について多くを語っていると思う。

でも、他人を怒らせるようなことは言いたくなかったから、エスターのページを立ちあげたときの思いをもう一度確認して、今後もフォロワーの方々と和やかに語り合っていくことにした。そう努めることで、エスターと語り合おうとする人たちとの絆を保ち、その人たちがごく自然にさまざまな疑問への解答を見出せるようにしたかった——そう、特定のプロパガンダを無理やり押しつけるのではなしに。

優しさとユーモアで〝ナチ・ヴィーガン〟に対抗

ひと口に動物愛護団体といっても、その活動形態はさまざまだ。たとえば、ＰＥＴＡ（動物の倫理的扱いを求める人々の会）という団体がある。この団体は、直接的でどぎつい文面の広告や、人目を引く過激な街頭パフォーマンスで有名だ。それはＰＥＴＡならではの宣伝作戦であり、それにかけるリーダーたちの狙いは理解できる。ぼくらはこの団体の共同創設者であり現副会長であるイングリッド・ニューカークに面会したこともある。その際イングリッドは、ＰＥＴＡが破天荒なキャンペーンを行う理由を詳細に語ってくれた。要約すると、こういうことになる――現在のキャンペーン効果をふつうの広告で実現しようとすると、何万ドルもの巨額な広告代が必要になる。それだけの資金があったら、現実の動物救護活動に振り向けたいので、少額のコストですむ現在のようなキャンペーンを行っている。高額な広告スペースを買う代わりに、過激なパフォーマンスで埋め合わせを――それがイングリッドの言いたいことだった。

たしかにＰＥＴＡは、そのパフォーマンスで知られるようになった。それに対して好意的な人もいれば、だからＰＥＴＡは極端な過激派なんだとなじる人もいる。だが、ＰＥＴＡが動物の権利を擁護する世界最大の団体であることは間違いないし、イングリッドの情熱と努力によって、多くの人々が毛皮の着用や肉食をためらうようになったことも事実だ。あらゆる動物は――人間にとって有用かどうかに関係なく――生きる権利を持っていると、イングリッドは信じている。動物はすべて肉体的な痛みを感じるのだし、気ままに生きたいと願っている。だから、食糧、衣類、娯楽、医学実験、その他いかなる理由でも、人間が利己的に動物を利用しようとする行為は基本的倫理に反している――そういう認識を、彼女は広めた。PETAの過激な宣伝手法に反感を抱く人も、彼らの活動の根拠そのものに異を唱えるのはむずかしいのではないだろうか。

また一方では、MFA（動物への慈悲の会）という組織がある。この組織はPETAとはまったく異なる手法を採《と》っている。あらゆる意味でPETAとは対照的な動物愛護団体だ。全国的な非営利団体であるMFAの目的は、家畜への残虐行為を阻止し、思いやりのある食糧選択と政策を推進することにある。MFAはお金と時間をかけて盗撮用のカメラを購入し、覆面調査員を雇って、大規模農産企業が行っている家畜の虐待を摘発する。この団体の入念な調査によって、秘密裏《ひみつり》に行われている動物虐待が明るみに出た事例は、それこそ枚挙にいとまがない。バターボール、タイソン、ネスレ、ディジョルノといった大企業は、それら一連の調査に刺激されて、動物虐待を日常的に行っている農場からの生産品購入を中止した。これはすごいことだと思う。もちろん、このMFAとも活動手法を異にする動物愛護団体は、他にもたくさんあることだろう。

こうした運動にはだれもが参加する余地があると、ぼくらは一貫して考えてきた。だから、多様なグループ、多様な手法を尊重してきた――どこか特定の団体が人気を博しているからといって、ねたんだりはしない。ただ、概して、過激な手法を採る団体は大衆動員を念頭にしていることが多く、それがかえって多くの人たちを遠ざける結果を招いているような気がする。その点、ぼくらはエスターを軸に、優しさと微笑と活力の輪を拡げて、広範な層の人たちと交流することができたと思う。

ぼくらにとっては、まさに正念場だった。

ぼくらがいちばん強い影響を与えられそうな人たち、動物好きで、もっと動物のために役立ちたいと願いながら、どうしていいかわからずにいる人たち、言ってみれば以前のぼくらのような人たちが、このままでは離れていってしまう。そう気づいたとき、これからはぼくらの流儀、つまり優しさとユーモアを旗印《はたじるし》に進んでいかなくては、と思った。〝おまえのやり方は間違っている〟と声を荒げるような手法には、興味はなかった。そういうやり方は、ヴィーガンを増やしていくうえで何の役にも立たない。ぼくらがヴィーガンになろうと決めたのも、エスターのことを深く知り、さまざまな疑問に直面して、ヴィーガンこそは進むべき道だと徐々に納得していったからだった。それこそが唯一の選択だったのである。だからぼくらは、険しい言葉やまがまがしいイメージではなく、あくまでも優しさとユーモアを前面に立てて人々の心に訴えていった。〝エスター運動〟が花ひらいたのは、もっぱらそのせいだったと思う。

〝エスター運動〟が非ヴィーガンの人々の心をつかんだのは、決して挑戦的ではなく、オープンで、素直に入りやすかったせいだろう。非ヴィーガンの人たちがエスターのページを愛してくれるのは、知らず知らずのうちに目がひらかれて、いろいろなことを考えるきっかけになるせいなのだ。もちろん、このページは熱心なヴィーガンや、動物愛護運動のバリバリの闘士たちにも愛されている。それは、このエスターのページが、とかく陰湿になりがちな運動を照らす一筋の光明になり得ているせいではないだろうか。動物虐待を絶えず告発している覆面調査員たちも、ぼくらのページを訪ねてくれる。彼らもきっと、明るい環境の下で陽気なブタと交わるのが楽しいせいだろう。彼らにとっても、エスターは闇を照らす一筋の明るい光なのだ。本当にそうであってほしい。

クリスマスという難問

すこし話題を変えよう。

共に暮らしはじめて十五年、クリスマスは毎年デレクのご両親のお宅ですごすのが決まりだった。クリスマスになると、ぼくらはちょっとした綱引きを演じるのだが、昨年はエスターのおかげで何かと事情が複雑になったため、綱引きにも独特の色彩が加わった。ぼくは動物たちを家に残していきたくはない。が、そうばかりも言っていられなくて、現実にデレクの実家を訪ねることになれば、だれかに留守番を頼まなければならない。といって、〝ふつうの〟動物たちに加えてエスターの面倒まで見てもらうとなると、適任者を探すのは容易ではない。

これが猫ならば、手間はほとんどかからない。食べ物と水さえ用意してやれば、あとは勝手に遊んでくれているのだから。犬の場合も簡単で、食事を与えて、一日に二、三度散歩につれていけばそれでいい。ところが、エスターとなると別問題だ。二十四時間、ぶっつづけで見張ってくれる人が必要だった。

いつもはぼくの母か、友人のリータに頼むのだが、今回はだれにしたらいいか、よくよく見きわめる必要がある。それだけでも気が重かった。

といって、クリスマスをデレクの実家以外の場所ですごそうともちかける気は、まったくなかった。ただ、スケジュールについては、こちらも簡単には譲れなかった。デレクはなるべく長い時間を両親と共にすごしたい。ぼくはなるべく早くわが家にもどりたい。

正直なところ、ぼくの年来の希望はクリスマスをわが家ですごすことだった。クリスマスをデレクと二人で――もちろん、ペットたちも一緒に――すごしたことは、まだ一度もなかった。だいたい、どうしてクリスマスになると、デレクの実家や彼の妹の家ですごさなければならないのか。ぼくの両親、彼のご両親、双方にわが家にきてもらって一緒にすごす。それではなぜいけないのか？

それに、いまやわが家にはエスターがいる。こんどくらいはいつもとちがうすごし方をしてもいいじゃないか、とぼくは頭の片隅で思っていた。たとえば、双方の両親をわが家に招くことを本気で考えたっていいはずだ。問題は、デレクのお母さんのジャニスだった。ジャニスはすべからく現状維持をモットーとする人だし、ぼくはそのジャニスを怒らせたくはなかった。

なんとかいい方法はないものか。ぼくらがブタを家で飼っていることを、ジャニスはこころよく思っていない。それに、そのブタを持ち込んだのがぼくで、デレクが当初それに反対したことも、ジャニスはわかっていた。デレクはおそらく、エスターの件で両親にこぼしたことが過去にあったのだろう。それはどういう不協和音をもたらすか、おわかりいただけると思う。不満を訴えられた側は、絶対に忘れないのだ。その後どんなに事情が変わっても、そのことはしっかと彼らの記憶に刻まれている。それがわかっているので、ぼくはなんとかジャニスのご機嫌をとろうと努めてきた。ぼくという人間には、巨大なブタを持ち込んで彼女の息子を困らせる以外のいい面もあるのだということを、なんとか知ってもらおうと努力してきた。

ぼくはだれでもハッピーであってほしいと願うタイプだし、デレクもそうだ。だから、他人を悲しませないためなら、いやなことでもやってしまう。ぼくにとって、その場合の〝他人〟とは世の中すべての人のことだが、デレクにとってはおおむねご両親のことをさす。デレクはご両親を落胆させたがらないし、ぼくはその気持ちを理解して尊重している。ぼくもご両親を落胆させたくはない（というか、ご両親を落胆させることでデレクを落胆させたくはない）。とにかく、一つ間違うとだれもがとんでもなく気落ちすることになるので、ぼくらはたいてい無難な道を選ぶ。

この〝クリスマス問題〟で悩んでいたのは、ちょうどぼくらのフェイスブックのページが大ブレークしていたときと重なっていた。アシスタントという重宝な存在もいなかったから、ぼくは寄せられるコメントすべてに自分で回答していた。そう、信じられないかもしれないけれど、ぼくらは本当に全部のコメントに応えようとしていたのだ（それはたぶん、いつでも他人を喜ばせたいと願う本能的衝動のせいでもあるのだろう）。それはともかく、ぼくには、エスターのページの爆発的な人気も、デレクの実家への訪問をなるべく短縮したほうがいい理由に思えたのである。

その頃になると、自分の個人的なページへのフォロワーも増加傾向にあることにぼくは気づいていた。エスターがやってくるまで使っていたソーシャル・メディアはインスタグラムに限っていて、ぼくとデレク——と、ときどきワンコやニャンコ——の写真をのせていた。アムステルダム旅行の写真とか、エスターのファンだったら眉をひそめそうな写真ものせていた。ときどきはパーティでハメをはずしている写真とかも。ぼくらは要するに、愉しいことが好きな、ごくあたりまえの男たちなのだ。天使のように清廉潔白な生活を送っていたわけではない。それがたまたまエスターと暮らしはじめたおかげでいろいろなことに目覚めた結果、ライフスタイルも劇的に変わってきただけなのである。

だんだんわかってきたのだが、エスターの動静を知りたい人はぼくとデレクのことも知りたがるらしい。それがわかったのは、インスタグラムのページをチェックすると、ぼくが二年前にアップした写真まで面白がる人がいることに気づいたからだ。

これはまずい。写真によっては消去したほうがいいものもある。ぼくらはある種の著名人になったわけだから、人によって眉をひそめかねない写真とはおさらばしたほうが賢明だろう。まさか自分の私生活がこれほど他人の興味を引くことになろうとは、思ってもいなかった。が、エスターに魅入られた人は、ぼくとデレクにも関心を抱くようになる。あまりいい気持ではなかったけれど、それを機会に、オンライン上に残したぼくらの足跡を徹底的に消去することにした。

クリスマスの直前、ぼくはインスタグラムの自分のページをエスターのページに衣替えして、個人的なデータを残らず消去した。よもや自分のソーシャル・メディアのページをエスターに乗っ取られようとは思っていなかったが、それほどの人気がある以上、それが最善と思ったのである。

いずれにしろ、ぼくらのささやかなフェイスブックのページがとんでもないリアクションを起こしていると知って、ぼくもデレクも呆然としていた。度肝《どぎも》を抜かれていた、と言ってもいい。ともかく、これまでのところはあのページからなるべく説教臭を薄め、多くの人に受け容れられるトーンを保って、メッセージが広がるように努めてきた。そのせいかどうか、ぼくらは『ピープル』誌の〝今週のペット〟欄にもとりあげられたし、ＰＥＴＡの機関誌にもとりあげられた。これほど幅広い注目を浴びたということは、エスターが本当に人々に受け容れられたと見ていいのだろうし、ぼくらも何らかの変革をもたらす橋頭堡《きょうとうほ》を築けたと見てもいいのだろう。

「エスター印」のレシピの誕生

肉食を止めた人たちのための料理レシピを提示しようと、〝エスターのキッチン〟を開設したのも、この頃のことだった。それをきっかけに、ぼくらは〝ヴィーガン〟という言葉を使うのを止めて、すべてを〝エスター印《じるし》〟と呼ぶことにした。もちろん、実質的には〝ヴィーガン〟と同じだが、〝ヴィーガン〟には何かとネガティヴな色彩がつきまとうため、もっと柔軟な手法で同じメッセージを伝えることにしたのだ。しかも、それが何と効果的だったことか！

そもそもぼくらは、〝ヴィーガン〟と〝非ヴィーガン〟のいがみ合いを助長しようとしてあのページをはじめたわけではない。ぼくらのもとには、〝非ヴィーガン〟の人たちから、あのページのおかげでブタに関する認識をあらためたという趣旨のeメールがわんさと寄せられた。どのメールにも感動の声があふれていた——ブタがあんなに清潔な動物だとは知りませんでした、とか、ブタがあんなに賢い動物だったなんて驚き、とか。それはまさに、ぼくらがあのページでくり返し表明したことだった。そういうメールを読むと、エスターの写

フゴ、ンゴ！「美味しそうな匂いがしてるけど、なぁに？」

「エスター印」のレシピは、フェイスブックのフォロワーの反響を呼んだ

真や行動や愉快な見出しが、ぼくらがあの子から与えられたのと同じ強いインパクトを多くの人々に与えていることがわかった。しかもぼくらは、教条的なイデオロギーを強調することなく、そういうインパクトを与えることができたのだ。ユーモアと優しさ、それにエスターの愉快な写真を軸とした、柔軟で宥和的なアプローチこそは、人々のライフスタイルを変える上で大きな役割を果たせた要因だとぼくは思っている。

それをぼくらは〝エスター効果〟と呼んでいる。エスターが人々に与えたインパクトの多彩さには、驚くほかない。あるときモントリオールで、七十代のフランス系の女性と会った。すでにヴィーガンになっている女性で、かなりブロークンな英語で自己紹介をした。彼女の話では、同じヴィーガンの友人に教えられてエスターのページを知ったのだが、いまではエスターが可愛くてたまらないという。自分に英語を教えてくれたのも、エスターのページだというのだ！　最初は見出しをいちいち頭の中でフランス語に訳していたのだが、それはどんどん減っていった。エスターのことをもっと深く知りたい、それだけの理由で彼女は自然に英語に習熟していった――これって、信じられないくらい素晴らしい話だと思う。

それから、こういう母親からもメールをもらった。彼女はヴィーガンで、動物愛護の精神を広めるために尽力しているのだが、夫と子供たちは肉食派だった。自分の意見を子供たちに押しつけるのはいやなので、無理強いはしないよう日頃注意していたという。するとある日、息子がエスターのことを好きになり、エスターが日頃どんな暮らしをしているのか知りたくなった。
ある日、その女性は大規模畜産農場の実態を伝えるドキュメンタリーをパソコンで見ていた。そこに息子がふらっと入ってきて、悲惨な扱いを受けているブタの写真を一緒に見はじめた。「あれはエスターなの？」と息子は訊いた。そうじゃないの、別のブタよ、でもあれがエスターだったとしてもおかしくないのよ、と彼女は答えたという。「その機会にわたし、その種の畜産農場でどういうことが行われているか、息子に説明したんです。あの子はエスターが大好きで、パソコンで見た光景にショックを覚えていましたから」と、彼女は話してくれた。そして彼女はそのとき初めて息子に、自分がヴィーガンになった理由を説明したのだという。息子はそれを聞きながら泣きだしてしまった。だって、どのブタもみんなエスターなんだもの、と息子は母親に言った。その後息子は、だれに言われたわけでもなく、肉を食べるのを止めた。その後数か月たっても、肉食にもどることはなかったらしい。それを聞いて、ぼくはジーンときた。

ところで、エスターたちを養っていくためにも、ふだんの仕事はつづけなければならない。ぼくらはつとめて、エスターがやってくる以前の生活を維持するようにした。デレクはマジック・ショーの仕事をとぎらせることはなかったし、ぼくも不動産業に精をだした。時間の余裕ができると、エスターの写真をいっぱい撮って、フェイスブックのページをにぎやかにした。毎晩一息いれるときには、リビングでテレビをつけたまま、二人ともスマホにかかりきりになった。

ある晩のこと、そのときも二人は各自フェイスブックのチェックに熱中していた。デレクはメッセージに目を通して、すべてのコメントに返事を書いていた。そのうち突然、彼が泣きだすではないか。ぼくも自分のスマホのチェックに忙しかったから、最初は気がつかなかった。そのうち、何か様子がおかしいのでデレクのほうを見ると、涙を流している。ぼくは反射的に笑っていた。あまりおかしいことがあると、つい涙を流して笑ってしまうことが、デレクもぼくもよくあるからだ。このときもそれだと思って、デレクが説明してくれるのを待った（ぼくってやつは、それくらいのトンマなのだ）。ところがデレクはいっこうに泣きやまず、真面目な顔で彼のスマホをこちらに突きだした。見てみろ、と言う。

デレクが読んでいたのは、自分はヴィーガンだが夫はちがうという女性からのメールだった。彼女と夫は互いの食生活に干渉することなく、仲良く暮らしていた。ある日、二人は一緒にスーパーに買い物にでかけた。夫のほうが先に立って、食肉売り場の通路にさしかかった。彼女が見ていると、夫はいったんベーコンをとりあげたものの、元の棚にもどしてしまった。そのとき女性は何も言わず、二人で車に乗り込んでから、さっきはどうしたの、とたずねた。すると夫は彼女のほうを見て、たった一語、「エスターだよ」と言ったという。その一語がすべてを物語っていた。その日を境に、夫はもうベーコンを食べなくなった……。

読み終えたとき、ぼくは胃袋がきゅっと引きつるのを覚えた。その種のメールがどういう感情を引き起こすか、正確に語るのは難しい。はっきりしているのは、ぼくらのページがそ

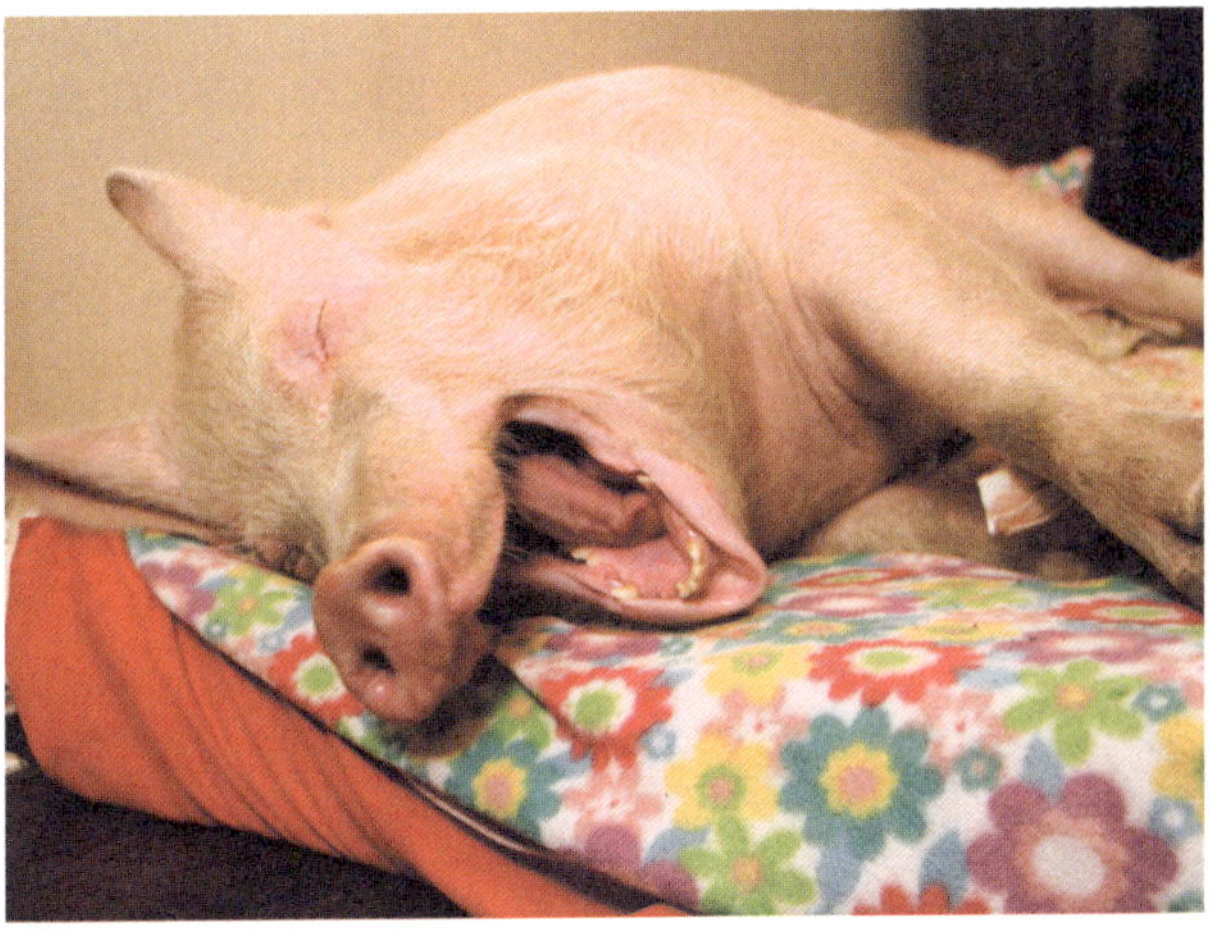

エスターの愉快な写真は、人々のライフスタイルを変化させる“エスター効果”を生んだ

ピンクの可愛い帽子もエスターにはよく似合う

れほどのインパクトを生むなどと、だれも予想できなかったこと。それはデレクも同じだった。

メッセージの送り主の女性とその夫は、おそらく人生の終幕にさしかかっている老夫婦だろう。それくらいの年齢の人たちが、いま敢えて長年のライフスタイルを変えようとしているのかと思うと、エスターの存在の大きさ、それがどんなに強い影響力を持っているか、あらためて思い知らされた。しかもそれは、〝おまえは完全なヴィーガンにならなきゃだめだ〟とか、〝あれを食べちゃいけない、これをしちゃいけない〟などと声を荒げたりせずに成就されたことなのである——そう、何枚かの写真とその説明文だけで。それが、会ったことも、話したこともない人々にこれだけの影響を及ぼしている……。

人々を笑わせ、ニコニコさせるエスターの写真の数々。それが、人々の覚醒を手助けする。教条的なメッセージを押しつけたり、目をそむけたくなるような写真を突きつけたりすることもなしに。エスターは、どんな人にも考えるきっかけを与えることのできる生身の存在なのだ。これは、ぼくらが夢見た以上に素晴らしい展開だった。

第六章

最低最悪のクリスマス

クリスマスという言葉から、人は何を連想するのだろう？　豆電球のいっぱいついた、キラキラ輝くクリスマス・ツリー？　ヤドリギの下でのキス？　きれいに包装されたプレゼント？　それとも、ハロウィーンの翌日から、可哀そうな感謝祭のことなどすっかり忘れて演奏されはじめたクリスマス・ソング？

ぼくらの場合、そのすべてに加えて、デレクの実家への訪問があった。その具体的プランを練る必要があったのだ。ペットたちのケアという難問をまず解決しておいてから、効果的な訪問の実をあげなければならない。ある程度込み入った戦略が必要だった。クリスマスまではあと数日。訪問日数について、ああでもない、こうでもない、と頭を悩ませたあげく、最終的にスケジュールが決まった。まずクリスマス・イヴにデレクの実家を訪ね、二日後の二十六日の朝帰宅してから、こんどはぼくの母を訪ねる。ペットの世話はリータに頼むことにして、プランは完成。奇跡的に、必要なショッピングまで事前にすませることができた。これで万事うまくいくはずだった。

アレが起きるまでは。

〝アレ〟というのは、とんでもない天候異変のこと。十二月二十一日、出発の三日前。未曽《みぞ》有《う》の氷あらし、アイス・ストームが襲来して、世界は一変してしまったのである。停電のおかげで暖房機能が麻痺、夜は真っ暗で、ぼくの思いつく限り、冬の暮らしを楽しいものにしてくれるすべてが吹っ飛んでしまった。

アイス・ストームを知らない人には、どう説明すればいいだろう……とりあえず、〝アイス〟という言葉と〝ストーム〟という言葉で想像はつくと思う。でも、具体的な被害となると、ちょっと想像を絶するはずだ。まず、超絶つめたい氷雨がすべてを濡らす。奥歯がガタガタ震えるくらいなので、これは雪になるかと思うと、さにあらず。ただ骨まで凍りつくような雨が降るだけなので、最初はなんとかしのげそうかなと思う。ところが、そのうちすべてがツララに変わってしまう――見わたす限り、キラキラと透明に輝く冬のワンダーランド。荘厳なまでに危険な、冬のワンダーランド。

これまでに体験した最悪のブリザードを想像してほしい。その気温を二、三度、上げてみる。雪にはならないまでも、あり得ないほど水が冷たくなる温度。その水はすべての表面にへばりつき、冷気の襲来と共に凍りつく。あたり一面、冴え冴えとして、なんと美しい光景なのだろうと思う……そこを歩きまわろうとするまでは。玄関前の私道はスケートリンクと化し（実際その日、道路をスケートですべっている人が大勢いた）、屋根は氷の重みでぎしぎし言いはじめる。そして何より恐ろしいのは、その後から太陽が顔を出すことなのだ。すると何もかもがすこしずつ溶解しはじめて、まともには歩けないようになる。

大型の嵐が襲来しそうなことは、わかっていた。例によって、早めにスーパーにいって水や缶詰をしこたま買い込む人たちもいた。ぼくらはと言えば、エスターのためのスイカをせっせと買いこんでいた。馬鹿だなあ、と思われるかもしれない。でも、ぼくらの住んでいるところでは、嵐の警報など珍しくもなんともない！　で、警報どおり大嵐がやってくることはめったにないのである。

同じような例は、フロリダなどハリケーンの通り道と呼ばれる場所に移住した人からもよく聞かされる。たしかにハリケーンはときどきやってきて、家屋や、ときには人命までも危険に陥れる。だが、たいていの場合、ハリケーンは海上で勢力を失うか熱帯性低気圧に変わってしまい、せいぜい大雨か強風に注意すればそれですんでしまう。ハリケーン・カトリーナのような掛け値なしに凶悪なやつはむしろ例外で、ほとんどの場合、から騒ぎで終わってしまうことが多い。

それでぼくらも、こんどのアイス・ストーム警報に無頓着だったのだ。だいたい、本当に危険なやつが襲来するのかどうか、だれにもわからないわけだし。こういうのを〝災害不感症〟と呼ぶのかもしれない。それとも、単に向こうみずな〝いきあたりばったり症候群〟とでもいおうか。あえて弁解させてもらえば、ぼくはいきあたりばったりにならざるを得なかったのだ。毎日の暮らしが激変してしまったものだから、身を守るにも成り行き任せにするしかなかったのである。

エスターと暮らしはじめるまでは、何か危険な災害情報に接すると、とりあえず身のまわりのものと犬や猫を車に乗せて安全な場所に避難したものだった。でも、いまは？　仮に緊急避難命令が出たとしても、無視するしかない。だって、体重二百三十キロのブタをどうやって車に積み込めるというのだ？　それに、頭の片隅には終始こういうシーンも浮かんでいた――いよいよというときになって、デレクが叫ぶ。「さあ、みんなで避難しよう！」それを、ぼくは拒むのだ。テレビでよく洪水の被害が報道されるけれど、みんなが避難した後もひとり愛犬を抱いて屋根にしがみついている男が映ったりする。上空ではヘリコプターが舞い、ツィッターではだれかが〝なんだ、あいつ、とんだお笑い草だな〟などと呟いたりしている。ぼくはまさにあれだと思うのだ、そう映画『キャスト・アウェイ』のトム・ハンクス。停電で真っ暗な家の中に、エスターを置き去りにして逃げだすことなど、ぼくにはとうていできない――たとえペット・シッターがついてくれていたとしても。

エスターを暖炉代わりに

ストームに襲われた直後、デレクと二人で近所を歩いてみた。何もかも水晶と化したみたいで、息を呑むように美しかった。すると突然、バリッという音がして、木が倒れかかってきた。遠くのほうでもパシッという音が響くとともに、青白い閃光がひらめいた。電線が切れたのだ……それを境に、付近一帯、電流が停まってしまった。

アイス・ストームの翌朝近所を歩くと、おおよその被害状況が目に入る。今回は相当なダメージをこうむったことが一目瞭然だった。が、停電でテレビが見られないため、この地域全体の正確な被害状況はわからなかった。目が覚めれば電気が復旧しているだろうと思ったのに、停電はなおも続行中で、家にいても震えあがるほど寒い。最低温度が氷点下十六度くらいだったから、どのくらいひどかったかご想像いただけると思う。これだけ寒いのは暖房器具が麻痺してしまったせいだと、ぼくらはわかっていたけれども、動物たちにはわかるはずもない。震えながらこちらを見あげる五匹の動物たちは、こう訴えているようだった——
ねえ、どうしたの、いったい？　早く暖かくしてくれない？

その朝二匹の犬を見たとき、家の中にいても吐息が白かったのを覚えている。

それでも、最初の晩はまだましだった。翌日になると、状況が一段と悪化した。夜の訪れとともに、被害も深刻になった。あちこちで大木が車に倒れかかり、ルーフがひしゃげた。倒木は家屋の屋根にものしかかって、天井が陥没した。車のエンジンをかけて、そこから電力をとろうとして外に出ると、様変わりした町並みが目に入った。もちろん、どの商店も休業。二日目に入っても氷雨は止まず、木が倒れて電線が切断され、車が破壊される音があちこちで聞こえた。ある意味、エキサイティングな光景ではあったが、恐ろしくもあった。

二日目の晩に入っても停電は復旧せず。これにはぼくもデレクも相当こたえた。が、もっと可哀そうなのは罪のないペットたちだった。どの子も、かけがえのないぼくらの家族、ぼくらの子供たちなのに。苦しんでいる子供たちに、何もしてやれないつらさはおわかりいただけると思う。

セントラル・ヒーティングは効かないし、あいにくと石油ストーヴの類も用意していない。なんとか暖をとろうとして、その晩ぼくらはみんなでエスターを囲み、あの子にぴったり身を寄せて眠った。人間も犬も猫もブタもない、文字どおりの動物一家だった。心強かったのは、エスターが暖炉代わりになってくれたこと――あの子はいつも熱を放射している（平均的な体格の人間が放つ熱の四人分。いや、実際にはそれよりもっと高いはずだ。ブタの体温はだいたい三十八度から四十度くらいなのだから）。ぼくとデレクは帽子と手袋とコートで武装し、シェルビーとルーベンは毛布でくるんでやった。そしてみんなでエスターにすがりついた。二匹の猫はぼくらの上にのって、ぼくらの体温を利用したが、コートの下にまでもぐりこもうとはしなかった――そこまで密着するのは恥ずかしかったのだろう、きっと。そうやってなんとかみんなで夜を明かし、目が覚めてみると――まだ停電がつづいていた。

そうしている間も、クリスマスは容赦なく迫っていた――十二月二十三日、デレクのママからは電話で数時間ごとに、いつになったらくるのよ、と矢の催促。出発するときは知らせますから、と答えるのだが、停電は依然として復旧せず、時間だけが経過して事態は悪化する一方だった。

ぼくのほうからは、言いだしたくなかった。クリスマスを実家ですごすのはもう無理だということは、デレクも承知していたと思う。それでもぼくらは荷物をまとめて、いつでも四時間のドライヴに出かける態勢はととのえていた。たとえそのときのぼくらが、『クリスマス・キャロル』と『ヘリオット先生奮戦記』をミックスしたような状況に陥っていたとしても。

この非常事態をなんとかしのごうと、ぼくらはいくつか即席の生活用品をこしらえた。電子レンジが使えないので、〝ろうそくレンジ〟をこしらえたのもその一つ。ろうそくを束にして深鍋に立て、その上に鉄の火格子《ひごうし》を据えたのである。そこに二個目の鍋を置いてスープを温めた。ろうそくの火での料理。と書くとロマンティックに聞こえるが、実用性は限りなくゼロに近かった。缶入りのスープを温めるのに一時間はかかったし、急におなかがすいたりしたときはもうアウトだった（もちろん、冷たい濃縮スープが好きな人ならオーケイだが、ぼくはだめだった）。だから、万事慎重に、計画的に行動する必要があって、これにも神経を消耗した。

こうなったら、現実を直視しなければ。正直言って、ぼくはこういう逆境に強いほうではない。テレビは見たいし、インターネットもやりたい。なんといったって、いまは二十一世紀なのだから。そう、各種のＩＴ関連ツールに依存している二十一世紀。そしていまやその暮らしは、バッテリーの残量に左右されることになってしまった。ぼくらは車のバッテリーから電気をとってスマホを充電させ、ろうそくでお湯をわかして食事を用意した。町の人たちは、一杯のホット・コーヒーにありつこうと、ティム・ホートンズ・レストランの前に三時間も行列していた。町全体が息も絶え絶えの状態に陥っていた。ぼくらは代わる代わるスマホを充電し、オンラインの情報をスマホにとりこんでいた（フェイスブックのエスターのページはその後も更新する必要があったし、友人や家族との交信も欠かせなかった）。が、そういう作業で一時的に気がまぎれても、このままではデレクのママを落胆させてしまうな――その結果デレクも落胆させてしまうな――という思いが、すぐに重くのしかかった。

こんなに美しい光景をもたらす現象が——窓の外は見わたす限り氷の宮殿のように燦然《さんぜん》と輝いていた——これほどの災厄をもたらすなんて、不条理もいいところだった。ああ、上等だよ、まったく、と呟《つぶや》きたくなってしまう——実際、こんなに壮麗な光景など、もう二度と見られないだろうからな、くそ、アイス・ストームさまさまだよ！　ちらっとでも外を見ると、状況がますます悪化しているのがわかる。頑丈な樹木がどれも倒れかかって、氷よ早く解けてくれ、と哀願している。このままでは思ったより早く電力が尽きてしまう、と覚悟せざるを得なかった。なんとかして発電機を手に入れなければ。ところが、いま入手可能なポータブル発電機は五千ドルするという。まず手が出ない。ぼくらはとうとうデレクのご両親に、申しわけないがそちらにはいけない、と伝えた——その理由も説明して。二人はもちろん落胆したが、すぐに代案を出してきた。なんと、彼らのほうからわが家にやってくるというのだ。ありがたいことに、ポータブル発電機も持参して。

そいつは吉報じゃないかと、だれしも思うだろう。事実そうなのだけれど、ぼくらの気持ちは晴れなかった。おい、宝くじに当たったぞ、と言われても、裁判の陪審員に選ばれたぞ、と言われたような、そんな感じ。クリスマス・イヴを迎える頃には、二人とも、つくづく生きるのがいやになっていた。停電が四日もつづいていて、もうクリスマスなんかどうにでもなれ、という気持ちになっていたのだ。他人と顔を突き合わせるのも億劫で、ただひたすら自分たちの不運をかこっていた。

デレクのママが不倶戴天《ふぐたいてん》の敵に

しかも、そんな寒冷地獄のさなか、わが家のお姫さま、エスターが発情期を迎えてしまったのである。

最初は何がどうなっているのか、わからなかった。それはエスターの最初の発情期だった。あの子のそういう面はあまり意識していなかったから、エスターが初潮を迎えているのだと気づくまでにしばらくかかった。それにしても、これからデレクのご両親がやってくるというのに。なぜこうも面倒なときに面倒なことが重なるのか。ぼくもデレクもストレスが昂じて、いまにもキレそうになっていたし、動物たちもわが家の混乱状態にビビっているのがわかった。しかも、である――デレクのママはまだ対面しないうちからエスターに脅威を覚えていて、そのエスターはさかりがついている。興奮すると何をしでかすかわからない。これこそ、大破局への青写真でなくて何だろう？

でも、結果的には万事うまくいったんだ、と言えたらどんなにいいことか。そう、まさしく映画みたいに。夜明け前がいちばん暗いんだ、とはよく言われることだし。負けん気だけは強いがヘタッピぞろいのチームが、九回裏、二死満塁のラスト・チャンスを迎えている。バッターは、今シーズン、無安打無得点のダメ男。ところが、バットをひと振り、ボールはぐんぐんのびて外野スタンドへ。逆転の大勝利！

というわけにはいかなかった。結果はお察しのとおりのドタバタ騒ぎになってしまったのである。

デレクのご両親一行は、クリスマス・イヴのお昼ごろに到着した。ご両親のブラッドとジャニス、デレクの妹のニコール、それにニコールのボーイフレンドのジャスティンという顔触れだった。わが家はもちろん、見られたものではなかった。薄暗いうえに、震えあがるほど寒かったし、そもそも来客を迎える準備など何もしていなかった。掃除も四日間していなかった。穴があったら入りたいくらいだったが、ともかくもデレクと二人、陽気な顔で一行を迎えた。そう、北極のように薄暗いわが家にみなさんをお迎えできて、嬉しくてたまらないという表情で。

こういう成り行きになって一つだけいい点があったとすれば、わが家の惨状を実際にご両親に見てもらえたことだった。もし二人がきてくれなかったら、ぼくらは彼らを訪ねるのがいやさに現状を誇張していると思われたかもしれない。わが町の惨状を見てきた二人は、想像以上のひどさにショックを覚えているようだった。

振り返ってみると、アイス・ストームによる実害という点では、ぼくらはむしろ幸運なほうだったかもしれない。永遠に失われたものといえば、庭の樹木ぐらいだったのだから。けれども、そのときはラッキーな気分などには程遠かった。どうしようもなく落ち込んでいたのに加えて、いまやクリスマス・ディナーの用意までしなければならないのだ。ぼくは悶々としていたし、デレクはふさいでおり、エスターは手がつけられなかった（あの子の名誉のために言っておけば、生理を体験するのは初めてだったため、すごく気が立っていたのだと思う）。

そして、デレクのママのジャニスは、案じたとおり、到着早々から顔をこわばらせていた。彼女とエスターが対面したとたん、両者が不倶戴天の敵同士になるだろうことは、だれの目にも明らかだった。そう、ヤンキースとレッドソックスのように。マクドナルドとケンタッキー・フライドチキンのように。そして、ティラノサウルスとトリケラプトスのように。

ありていに言えば、一行が姿を現わしたそのときから、わが家は非常事態に陥ってしまったのである（まあ、それ以前に非常事態は始まっていたわけだから、〝絶望的な非常事態〟と言ったほうが正しいかもしれない）。まず、エスターがとんでもなく攻撃的になって、デレクのママを小突きまわした。自分の意思を明確にしたいとき、あの子は鼻面を存分に使って、〝猪突〟という言葉に具体性を与える。相手をひたすら頭で押しまくるのだ。これにはだれしも閉口する。ジャニスのように軽量な女性はなおさらのこと。

わたしの身長？　百六十センチよ、とジャニスは日頃から言っている。身長百七十センチの男がおれは身長百八十センチだと自慢し、スティーヴン・セガールがおれは警官だ、と言い張るように。でも、ジャニスの本当の身長は百五十センチで、この体格の女性が体重二百二十キロのブタに押しまくられたら、逆らうどころの話ではない。ぼくらはエスターの体重に慣れているけれど、ジャニスにはこの手の巨体をあしらえるはずもない。しかも、〝この手の巨体〟ときたら、まるでヘヴィメタ・バンドのコンサート会場でおしくらまんじゅうをするみたいに、可哀そうなジャニスに頭からぶつかっていくのだ。

そうなると、デレクの父親、つまりジャニスの夫のブラッドがエスターを白い目で見たとしても、責められない。彼は夫として当然、妻を守りたかったのだ。で、ブラッドもエスターの前では仏頂面になって、エスターを遠ざけてくれ、と言う。かくして、〝ブラッドとジャニスはエスターが嫌い〟という一つのテーゼが成立してしまった。こういう状況では、それも無理はない。それでもなんとか事態が好転するように、ぼくは願っていたのだけれども。エスターのもう一つの面、愛らしくて、忠実で、人好きのする面に、なんとか二人も注目してくれないだろうか。それを祈っていたのだが。

残念ながら、二人の目にはエスターのお馬鹿な面しか見えなかったらしい。なぜかといえば、エスターは本当にお馬鹿に振る舞っていたから。

ふだんのエスターはあれほど可愛らしいのに、いまは〝ふだん〟ではなかった。あの子はたしかに行儀が悪かった。ブラッドとジャニスが到着してまだ二、三分しかたたないうちから、あの子は頭突きだけでは満足せず、フゴッ、ンゴッと鳴きながら廊下をいったりきたりしはじめたのである。ジャニスは大慌てで廊下の反対側に逃げだし、ぼくらの寝室に飛びこんでぴしゃっとドアを閉めてしまった。

ジャニスは即時反撃を開始するタイプではない。何か不愉快なことがあると、たいてい第三者――ときには複数の第三者――にその意向を伝えて代弁させようとする。まず自分と同意見の人間を集めてから反撃態勢を固める。このとき使ったのは、デレクの妹のニコールだった。エスターが怖くてたまらないから、自分たちがここにいる間はエスターを一室に閉じこめておいてくれないか、とニコールに言わせたのだ。ジャニスはすでに何度も同じことをデレクに訴えたのに、デレクはうんと言わない。で、こんどはニコールに代弁させたわけである。その間ジャニスは背景にしりぞいて、身振り手振りで涙ながらに訴える。それでも事態は好転しない。敵対関係は次第にエスカレートして芝居がかってくる。こんな狭い家なのだ、なんとかエスターとジャニスの平和共存を実現できないものか。あれこれ腐心していても、最後には涙ながらの、「ああ、そう、わかった、結局あなた方はわたしよりあのブタのほうが好きなのよね」というセリフで幕になってしまう。たしかに、ジャニスは包容力のあるタイプではない。でも、包容力のある人間なんて、この世にどれくらいいるだろう。

エスターが発する音声に関しては、ぼくらはだいぶ慣れている。ぼくとデレクの二人きりなら、それはたいした問題じゃない。ぼくらはあの子を愛しているのだから。でも、部外者にとっては、赤ちゃんの泣き声を我慢するようなものなのだろう。それも、だれか他人の赤ん坊の泣き声を。自分の赤ん坊だったら、だれでもしばらくは我慢できるものだ。ところが、他人の赤ん坊となると、そうはいかない。それと、自分の赤ん坊の振る舞いに他人から難癖をつけられると、これも腹立たしいものだ。

だから、デレクのご両親の反応も理解できないわけではない。巨大なブタと同居できるような包容力を――情緒的にも、肉体的にも――持っている人間など、そうざらにはいない。それにはかなりの忍耐力が必要なのだから。ぼくらは、大概の人間が寄せつけないような条件の受け入れをブラッドとジャニス夫婦に求めていたことになる。ある家庭を訪ねて、体重二百二十キロのブタに四六時中追いまわされていたら、だれだってその動物（そう、その人にとっては愛する対象ではなく、あくまでも動物なのだ）を閉じ込めてほしいと願うはずだ。そのへんの道理はぼくにもわかる。あの二人は、ぼくらとはまったくちがう角度からエスターを眺めていたわけなのだし。

だとしても、不安は残った。ブラッドとジャニスは、元々エスターにいい感情を持っていなかったのだから。ブタは手離したほうがいい、せめて戸外で飼うべきだ、と二人はしつこく言ってきた。家の中でブタを飼う例など、二人は見たことも聞いたこともないのである。二人にとって、ブタはあくまでも食料だった。ブタをペットとして飼うくらいなら、マスクメロンをペットにしたほうがいい、と二人は言うだろう（マスクメロンは重さ三百キロにまで成長したり、人を小突きまわしたりしないのだから）。

たぶん二人は、ぼくに懇願されたせいでデレクはいやいやながらエスターを飼っていると、いまだに思っているのだ。実のところ、デレクもいまはエスターに首ったけなのだが、当初彼が困惑したことを、二人はいまも忘れてはいない。その点はたしかにぼくにも責任がある。とはいえ、あれからずいぶんと事情は変わっているのだが。

かといって、エスターがジャニスを小突きまわし、ジャニスが泣きだして寝室に閉じこもってしまったからには、何を言ってもはじまらない。しかもそれは、一行が到着して早々に起きてしまった。そう、発電機を動かして電力を回復する間もないうちに。わが家は依然として薄暗く、寒くて、みじめなままだった。

そもそも一行が到着したときにエスターを外に出しておけばよかったのに、という声があがったとしても理解できる。でも、あのときの〝外〟は、とうてい動物たち――や、他のだれでも――が暮らせるようなところではなかった。寒くて、ぬかるんでいて、とても安眠できる場所ではなかった。

それでも、発動機を始動させるという最優先事項に取り組むあいだくらいは、あの子を外に出しておく必要がある。それくらいはぼくにもわかったから、エスターを裏庭に出して、淋しがらないようにしばらく付き添っていた。デレクとブラッドは発電機にとりかかった。まずはエアコンを作動させ、ついで冷蔵庫を復旧させて、中の食品の腐敗を防ぐ――それが狙いだった。

この手の仕事をやらせると、デレクのパパはすごい。彼こそは船が沈没しかけたときにだれよりも頼りになる人だ。数日間ぶっ通しの仕事もやってのける忍耐力の主で、計画立案も巧みだ。こんどのクリスマス・ディナーだって、十月頃から計画していたと聞く。そのディナーはあいにくと、チャラになってしまったのだけれど。

そしてなんと、作業開始後十分とたたないうちに、デレクとブラッドは発電に成功し、電気がついた。わが家はやっとのことで暖房と照明をとりもどしたのだ！　デレクはすっかり興奮していたけれど、実はちょうどそのとき、町全体の停電も復旧していたのだった。二人の労働とは関係なく電気は甦《よみがえ》っていたのである（といっても、二人の作業の成果がゼロだったわけではない——単なる面白い偶然の一致だった）。ともあれ、そのときは、停電復旧の経緯などだれも気にしていなかった。ぼくらはようやく電力をとりもどしたのだから。これでまた人間らしい暮らしにもどれる。ぼくのような人間は、電気のない時代、中世になど生まれていたら、生きていけなかっただろうと言われたら、そのとおりと答えるしかない。

エスター抜きのクリスマスディナー

ところで、デレクのご両親がクリスマス・ディナーの主宰を断念したからといって、二人がメニューの変更まで決めたわけではなかった。二人は依然として七面鳥を焼くつもりでいたのだから。ぼくとデレクがヴィーガンだということ——そして、ぼくらをヴィーガンに転向させたおおもとが間近にいること——に留意するほど二人の神経はこまやかではなかった。

キッチンの前を通ったとき、ブラッドが外でバーベキューをする用意をしているのを見て、ぼくは思わず息を呑んだ。裏庭のすぐそばに、エスターがいるのに。彼らに頼まれて、ぼくはやむなくエスターをそこに移動させたのだった。それなのに——。いくらなんでも、これはあんまりではないか。

「ブラッド」ぼくは声をかけた。「本当にやるんですか？　裏庭で、バーベキューを？」

もちろん、やるとも、という答えは当然予測できた。ぼくは一瞬、言葉を失っていた。それから、エスターのほうを見た。

ブラッドはバーベキューの道具を抱えて裏庭に出てしまった。こうなったら、彼が動物を焼くこと自体には目をつぶり、せめて焼く場所をなるべく無難な場所に変えてもらうよう戦術転換するしかない。ぼくも彼の後から、裏庭に出た。

「あのぅ、せめてバーベキューの場所を家のわきに移してもらえませんか？　ここだと、エスターがいるので」

ブラッドは怪訝そうにエスターのほうを見て、またぼくに視線をもどした。「それが何か？」

わかっていないのだ。「家のわきのほうはどうでしょうかね？　あそこだと、料理にぴったりなんだけど」

「いや、ここのほうが楽だよ。ほら、ここだとジャニスがキッチンでいろいろ支度をしているところが見えるじゃないか」

たしかに。ドアの向こう側はよく見えた。左のほうに二、三歩いったところでジャニスが下ごしらえをしている。わが家の間取りなら、よくわかっている。わからないのは、どうしてたかだか六、七メートル移動するのがそんなにいやなのか、ということ。玄関を出て横にまわり、私道をちょっと進む。そこで七面鳥をローストすればいいのだ。せいぜい三十五歩くらいの距離なのに。一分もかからずに移動できるはずなのに。ところが、ブラッドは頑として承知しない。

彼が何かをとりに家に入ったと思ったら、こんどは〝七面鳥ロースト・チーム〟の正式メンバー、ニコールが近寄ってきた。「パパはね、本当にここで焼きたいんだって」

ああ、わかってるとも。

「玄関前の階段には、まだ氷が張りついてるじゃない」

つづけて何か言いかけるのを、ぼくは遮った。

「ほら、あそこに塩とシャベルがあるだろう」そっちのほうを指さして、「ね、あそこに。階段の氷を解かすのなんて、簡単さ。塩とシャベルを使えばいいんだ。楽勝だよ」

すると、いつのまにかぼくの背後に立っていたデレクが口をはさんだ。

「どうだろう、エスターを一時地下室に移したら。そうすれば、おやじもここで心おきなく七面鳥を焼けるから。どうしても、ここでやりたいらしいんだ」

「だめだ！」ぼくは思わず叫んだ。だって、エスターを外に出してくれとみんなが言うから、ぼくは心ならずもそうしたのだ。それなのに、こんどはあの子を氷室のような地下室に移せだって？　とんでもない！

ぼく自身やエスターの気持ちは度外視して、デレクの実家のご一行をひたすらもてなさなければならない――なんとも憂鬱だった。もちろん、デレクも微妙な立場に置かれているのはわかっている。だが、そんなぼくらの悩みも、先方にはまったく伝わっていなかった。数分後、ブラッドがバーベキューの用具を手にもどってきて、裏のゲートのそばに簡易レンジを据えてしまった。

「家の向こう側は、やっぱり風が強くてな」

ぼくの顔は青ざめていたと思う。結局、こちらの意向などどうでもいいのだ（対案などだしても、無視されてしまう）。クリスマス・バーベキューは裏庭で。それで決まりだった。仕方がない。ここはなんとか無難にやりすごすことだと思い直して、ぼくは譲ることにした。

みんなが裏庭で七面鳥を焼けるように、エスターは地下室へ。そのエスターは、四日間も冷凍庫並みの家ですごしたのに加えて、初めての生理を体験している最中ときている。イライラしているのは一目瞭然だった。おまけに地下室に押し込められるのだから、機嫌のいいはずがない。ぼくはできる限り付き添っていたのだが、そのうち上にあがらないわけにいかなくなった。

みんなは七面鳥を食べた。ぼくとデレクはつけ合わせを食べた。わが家でクリスマス・ディナーをする計画ではなかったから、ヴィーガンにとってはそれくらいしか食べるものがなかった。豆腐でこしらえた七面鳥の丸焼きの代用品、トーファーキーもなければ、類似の代用食品もなかった。アルコール類だけは――どうしても飲みたくて――いつもとっておいたのだけれど。デレクは仏頂面をしていた。デレクのママも仏頂面をしていた。ぼくもエスターも仏頂面をしていた。デレクの実家のご一行が早く帰りたがっているのは見え見えだった。でも、みんな我慢してディナーをとり終えた。そのときのぼくらは、クリスマス・ディナーを共にする最近の平均的なファミリーと、さほど隔たってはいなかったと思う。いわゆるジェネレーション・ギャップ、世代間にまたがる政治的、イデオロギー的な意見の相違のことを考えれば、クリスマス・ディナーを心から楽しく祝えるファミリーなど、昨今、どれくらいあるだろう？

でも、その夜集まったメンバーはみんな大人だった。ちくちく皮肉を言ったり、わざとひねくれて座を白けさせるような者はいなかった。ぼくもデレクも七面鳥には参ったが、ぼくはご両親とのあいだで事を荒立てて、悩んでいるデレクに追い打ちをかけるような真似はしたくなかった。ご両親のほうだって、クリスマスのためにわざわざここまでやってくるのは大変だったと思うのだ。そのために、彼ら自身の両親をはじめ、他の親類の人たちにも会えなかったわけだし。そのときのみんなが格別みじめな心理状態にあるとは、ご両親も考えていなかったと思う。大変といえば、みんなが大変だったのだから。そして奈落の底に転がり落ちないように、みんなが愛想よく振る舞っていたのだった。最後には床の上で、プレゼントを公開し合ったりもした。クリスマス・ツリーがなかったので、盛りあがりの乏しいプレゼントの交換だったけれど、とにかく、全員が最善を尽くしたのである。

これぞ人生最上のとき。そんな表情で談笑がつづくなかで、ぼくとデレクはときどきひそかに顔を見合わせていた。微かな笑いを浮かべながら、二人で同じことを考えていた――もう二度とごめんだね、こんなことは。

　その間、可哀そうなエスターはデレクのママにストレスを与えないように、ずっと地下室で隔離状態に置かれていた。ブラッドとジャニスは早めに寝室にさがり、デレクとニコールは結局もう一本ワインをあけた。


　われらがゲストのご一行様は、明くる日の早朝、去っていった。ようやく家に帰ることができて、ほっとしていたのは間違いない。ぼくとデレクもほっとしていたが、一生忘れることのできないクリスマスだった。この苦い体験を通して明らかになったのは、わが家が手狭になったことだった。ごくあたりまえの家族の再会であるはずのものが大混乱になってしまったのは、そのせいでもあったと思うのだ。アイス・ストームは別にしても、わが家は文字どおりの意味でも、比喩的な意味でも、手狭になっていたのである。そこに大勢の来客があれば、混乱は免れない。エスターとの暮らしをつづける以上は、ここを出ていかなければならない。その事実と真剣に向き合うときがきていた。

　友人たちのなかには、クリスマスだからといって、わざわざ両親と再会したりはしないという連中がいる。どうしてだろうと、以前は不思議だった。が、年月を重ねるにつれて、なるほどな、と納得することが多くなっている。

第七章

見果てぬ夢に挑む

ありていに言って、人間は何かとお祝いをしたがる動物だと思う。ただ、定番の休日、誕生日、記念日などを除くと、人生には本来お祝いすべき理由など、そう多くはないような気がするのだが。いや、そうでもないか。結婚式、会社での昇進、出産なども、そのうちに入るだろう。それから……週末、食事の時間、本物の危険に襲われる前の警戒信号……。

そうだな、やっぱり、お祝いをする理由はいくらでもあるようだ――とりわけ現代は、ソーシャル・メディアがほとんど毎日のように国民的祝日を発表しているのだから。〝パンケーキの日〟とか、〝左利きの人の日〟とか、〝夫婦喧嘩の日〟とか……。で、ぼくとデレクもエスターのファン激増を祝って、私的な記念日を設定することにした（ぼくらがパーティ好きだということは、もう何度もお伝えしてきたと思う）。

なにしろ、エスターのページの〝いいね〟は、スタート直後に八十くらいだったのが、二月の終わりには十万を数えたのだから。この画期的な節目を、ぼくらは優雅に祝うことにした。どう〝優雅に〟かというと、大きなスイカに100,000という数字を彫りこみ、それを記念トロフィーとしてエスターに進呈したのだ。そう、〝食べられるトロフィー〟として。ご想像のとおり、エスターは大喜びだった。あの子が巨体でのしかかったとたん、スイカはパカンと割れた。この行事は家の中で挙行したものだから、スイカの飛び散り方たるや壮観だった。天井から、食器棚から……隣りの部屋にまで跳ね飛んでしまった。

『トロント・スター』紙から取材の申し込みがあったのは、ちょうどその頃だった。十二月の第一週にフェイスブックのページを開設して以来、ぼくらは〝くるものは拒まず〟という姿勢で世間に対応してきた。オンラインでやりとりする限り、どんなアプローチに応じても特に問題はなかった。ヴァーチャルな空間でのお付き合いは、一定の安心感を与えてくれるものだ。

『トロント・スター』紙は地元の新聞で、新聞業界全体が衰退傾向にあるなか、いまだに大きな影響力を持っている。創業百二十年にして、いまなお発行部数三十五万部、カナダで最大の日刊紙だ（カナダの人口がアメリカの十分の一であることを考えれば、アメリカの主要紙と比べても、そう遜色はない）。

そういうこともあって、エスターの不法飼育がさらに人目を引く危険はあったものの、ぼくらは『トロント・スター』の申し入れを拒まなかった。もちろん、当局に睨まれるのが心配ではあった。でも、ここまで読んでくださった方ならお察しのとおり、ぼくらはあの子を誇りに思っていたし、こうなったら、とことんあの子にスポットを浴びせてやりたかった。万が一それが裏目に出たら、そのときはそのときのこと。すでに書いたとおり、いずれはどこかに引っ越さなければならないのだし、その場合でも最善の策を講じる時間は十分あるはずだった。その〝最善の策〟がどういう内容になるかは、まだわからなかったにしても。

もし記事になったら、他にもいい影響があるはずだった。大勢の人が記事を読んで、エスターがぼくらにもたらした変化を共有してくれれば、こんなに嬉しいことはない。みんながエスターの笑顔を見て、この素晴らしい動物が〝自分の食べるベーコン〟になったかもしれないのだとわかってくれたら、最高ではないか。それともう一つ。エスターに惚れ込んだからといって、すぐペットショップに駆けつけて、そのブタください、などと言うのは考え物だということ。それも、明確にしておきたかった。ぼくらが体験したのは、人生が根本から引っくり返るような、過激なドラマだった。ぼくらはどうにかそれをくぐり抜けてきたけれど、万人が同じようにくぐり抜けられるとは限らないのだ。

それから、これもだんだんわかってきたのだが、ふつうのブタの子供をミニ・ブタと取り違えるケースはけっこうあるらしい。そんなミスをしでかすのは、ぼくだけではないようなのだ。それで音をあげる人たちはすくなからずいて、たいていの場合、貧乏くじを引くのは、当のブタのほうなのである。飼い主が飼育を断念すると、ブタは動物保護施設に送られる。その結果、安楽死させられるブタもある。だから、同じようなミスをしないでくれと警告する義務が自分たちにはあると、ぼくらは思っていた。

エスターの記事は『トロント・スター』の二面を飾った。どうせ切手くらいの大きさの写真に二、三行の説明が添えられる程度の記事だろうと思っていたのだが、ふたをあけてみるとどうして、エピソード満載の、かなり目立つ面白い記事に仕上がっていた。あれだけのパブリシティをお金で買うことはとてもできない。たとえてみれば、ツイッターで大注目を浴びる一方、ゴールデン・タイムのテレビ番組でも大々的に紹介されるようなものだった。反響もすごかった。驚くまもなく、カナダの二つのテレビ局——国内向けと国際向け——が取材を申し込んできた。その頃になると、ぼくらはもうどんな申し入れにもイエスと答えていた。秘密がバレることを〝猫が袋から飛びだす〟というけれど、この場合はもう〝ブタが袋から飛びだして〟いたのである。

しばらくすると、マスコミへの対応にも慣れてきた。だれかの取材を受けるときは、まず家の中をきれいに掃除しておいてから、型通りの質問をさばいていく。どうしてエスターを飼うことになったか。それによって、暮らしはどう変わったか。そして、あの子の——急増しつつある——ファンはどのくらいの数になったか。

めぐり合った素晴らしい農場

波乱はつづく。毎日の暮らしがようやく新しい変化を取り込めたと思うと、また何かしら予期しないことが起こる。エスターとぼくらの物語は、もう広く知れわたっていた。友人たちや親類の連中は、ぼくらがブタに惚れ込んだという、ただそれだけの理由でちょっとしたセレブになったことに呆れ返っていた。が、その一方では、爆弾が投下される日もじわじわと迫っていた。これだけエスターの存在がオープンになったからには、もういまの場所でのうのうと暮らしてはいられない。

ジョージタウンでの暮らしはゲームセット。この先、いつ引っ越すか、という問題が焦眉《しょうび》の急《きゅう》になっていた。


引っ越し先の最有力候補は、農場、だった。ぼくらの暮らしが変われば変わるほど、農場暮らしが理想的に思えてきた。もちろん、途方もない夢だ。が、もしかしたら実現できるかもしれないという思いが、しだいに強くなってきた。どこかに適当な農場を購入する。そして、エスターのような、九死に一生を得た動物たちの避難場所にできたら、どんなに素晴らしいことか。

エスターのページでこの夢を打ち明けて、反応を見てみることにした。あの子のファンたちは、ぼくらの暮らしをすごく気にかけてくれている。彼らの意見を無視するわけにはいかない。それに、ぼくらの潜在意識のどこかには、こうなったらいっそ、なるべく大勢の人から叱咤激励してほしいという願望がひそんでいたように思う。そう、映画『月の輝く夜に』で、主演のシェールがニコラス・ケージの頬に、〝しっかりしなさいよ〟とばかりにビンタをくれたように。ぼくらにもそれが必要だった。このまま何もしないでいたら、狭い家に、大の男が二人と犬二匹、猫二匹、それにブタ一匹が永遠に住みつづけることになってしまう。

で、エスターのページでこう呟いてみた——ぼくらはどこか田舎に移住し、そこに農場を購入して、恵まれない動物たちの避難所にしたいと願っているのです、と。フォロワーからの反応は素早かった。賛成、が圧倒的に多かった。それと、ぼくと同業の不動産業の女性から、自分の両親が持っていた養豚場がいまは空き家になっているので、よろしかったらご案内します、というメッセージも届いた。

すべてがうまくいきそうで、ちょっと怖いくらいだった。

ぼくらはその女性の勧めにのって養豚場を見にいった。まあ、いいんじゃないか、とぼくは思ったのだが、デレクは気に入らなかった。それは平屋の細長い家畜小屋だった。はっきり言えば、住込み用のバンガローが付設された細長い醜悪な小屋だった。よく言っても、そんなに特長のある物件ではない。デレクの冷静な感想は、最終的に客観的な評価を下すためにも尊重したほうがいい。待望の土地が手に入るというので、ぼくはすこし興奮していたのだと思う。とりわけ急ぐこともないので、解答は保留にした。

その時点では、物足りない養豚場を一か所見たにすぎなかったのだが、実際にそこに足を運んだことで、かえって農場熱にとりつかれてしまった。ぼくらは他の物件も探してみることにした。

あの素晴らしい農場にめぐり合ったのは、まったくの偶然だった。ぼくはそのとき、ある顧客に薦めるための物件を探していた。たまたまわが家の二軒先の物件を見せたりしていたのだが、もうすこし対象を広げることにした。その過程で、〝シーダー・ブルック農場〟にぶつかったのである。顧客が探していたのは、ぼくら自身の予算さえ三十万ドルも上回るような価格帯の物件だった。それで、その農場も目に入ったのだが、顧客の望みは農場ではない。でも、一応その農場の説明を読んでみた。すぐに、写真も見てみたい、と思った。何かある、という気がして、写真のページをひらいた。一瞬、目を疑った。まさか、これほどぼくらの希望にぴったりの農場があったとは。もちろん、価格を抜きにして、の話だけれども。直観的に、デレクに見せよう、と思った。

実のところ、フェイスブック上でこの話をしているときですら、動物の避難所をつくるというアイデアはまだまだ手の届かない夢だった。素晴らしい夢にはちがいない。が、それに真剣に取り組むとしたらずっと先のことで、いまはまだまだ時期尚早と思っていた。

ところが、その写真を見たとたん——。

もう頭から閉めだせなくなってしまった（まあ、農場みたいにでっかいものがいったん頭に入り込んだら、そう簡単には閉めだせないものだけど）。

物件案内をプリントアウトして、町中のオフィスまで足を運んだ。そこで農場のカラー写真もプリントアウトし、帰宅してから全部まとめてデレクに手渡した。

「これ、絶対に見にいったほうがいいと思うんだ」

物件案内を読むデレクの顔を、じっと見守った。彼は写真にも注意深く目を凝らしている。その目がいま、きらっと光らなかっただろうか？

デレクはふんと鼻を鳴らした。

農場の価格に目が注がれていたのだ。たしかに、それを素通りするわけにはいかない。それからデレクは、こっちの顔を見た。いたずらっ子を見やる母親のような目だった。そう、ケーキなんか盗み食いしてないよ、と言いながら顔中チョコレートだらけにしている子供を見やる母親の目。その目つきの意味なら、わかっている。でも、その目は同時にきらきら輝いてもいた。何が彼の背中を押したのかは、わからない。でも、〝一応チェックする〟ため車で出かけることに、デレクは同意してくれた。「ジョージタウンの再現にはならないだろうけどな」と、言い添えて。

何を言いたいのかは、わかった。当時住んでいたジョージタウンの家を購入したとき、最初はその物件、ぼくは別の顧客に薦めようとしていたのである。だが、よくよく考えると、その家はぼくらの好みにぴったりだったので、いい家が見つかった、すぐきてくれ、とデレクに急報したのである。デレクはすぐにやってきて、その晩、ぼくらはその家を購入したのだった。

「この農場の所在地、素晴らしいと思わないか」ぼくが言うと、デレクも同意した。

肝心の価格は？　素晴らしい、とは言えなかった。

その段階では、正直なところ、実際の農場が写真と寸分たがわないだろうとは思っていなかった。世の中、だいたいがそんなものだし。それは、インターネットで見初《みそ》めた人物とデートするのに似ている。ネットで語り合った相手はすごく頭がよさそうだし、写真で見た感じも素晴らしい。ところが、いざ実際に会ってみると、写真は十年前のもので、しかも、どろんとした目や不格好な髪の生え際を巧妙に隠す角度から撮られたものだったことがわかる。それに、実際の相手はネット上の自己紹介より七センチも背が低く、二十キロも体重がオーヴァーしたりしている――おまけにその性格たるや、すごい粘着質だったりして。

ところが、このインターネット・デートで実際に現れた相手、シーダー・ブルック農場は、ジョージ・クルーニーと絶世の美女ミーガン・フォックスの間に生まれた娘も同然だったのだ！　ケチのつけようがない素晴らしさ。これはほしいという願望と、でも買えるはずがないという現実のはざまで、ぼくはもだえ苦しむことになった。

ほしい。

これ以上のものはない。

まさしく一目ぼれ。

(わかっている。それがぼくの悪癖なのだけれど、見逃してほしい)

農場の入口に車を止めたとき、目の前には魔法のような風景が広がっていた。まがりくねった私道が小川をまたいで、鬱蒼《うっそう》とした森に通じている。その森の背後に農場の建物が点在し、何世紀も前につくられた石壁が敷地全体を囲んでいる。呆然とするくらいに魅惑的な眺めだった。

まだ車から降りないうちから顔を見合わせて、ぼくらは共に呟いていた。「最高じゃないか、これ」

人生にはときとしてこういう瞬間があるものだ。ぼくが初めてデレクに目を留めたときのように。これこそ探していた農場だ、と二人は直感していた。

畜舎自体の内部は汚れ放題で――天井から一メートルもの蜘蛛の巣がたれさがっていた――倉庫兼ガラクタ置き場として使われているのは明瞭だった。崩れかけた石壁以外に敷地を囲むフェンスはないものの、農場としての基本条件は十分に備わっていた。母屋は堅牢で清潔だった。が、ぼくら好みの様式ではなかったし、暖炉のような設備も見当たらなかった。これは正直なところ気になった。ぼくらがツンドラのようなクリスマスに泣かされたことは、ご記憶だと思う。でも、大切なのは母屋の設備でも、畜舎でも、フェンスでもなかった。農場のたたずまいそのものに、ぼくらを瞬時に魅了してしまう何かがあったのである。全体的な化粧直しには相当の労力が見込まれるにしろ、こんなに完璧な農場はめったにないぞ、と二人とも直感していた。

驚いたことに、デレクは即刻行動を起こす気でいた。けれども、ぼくは価格の問題に気をとられていた。〝ジョージタウンの再現にはならないだろうけどな〟なんてセリフを吐いたのはだれなんだ、いったい？　舞いあがっているデレクを前に、ここは冷静な評価を心がけないと、とぼくは気持ちを引きしめた。この農場がぼくらには不釣り合いなほど素晴らしいのは明白だ。けれども、ぼくらはいま、エスターとの共生を確かなものにするための節目、人生の曲がり角にさしかかっている。それを考えると、この農場の取得には別の意義が生じてくる。たとえ多少の欠陥はあろうとも、この農場は動物の避難所の有力な母胎になってくれるだろう。当時のぼくらの生活水準だけを考えれば、この農場はまったく高嶺の花だ。でも、一匹のブタの微笑と何千人もの人々の激励があれば、新しい可能性がひらけてくるかもしれない。

これこそは——陳腐な言い方かもしれないが——この世界を変革するためにぼくらが応分の役割を果たす絶好の機会だ。そう考えてはどうだろう。ぼくらにもこの世界は変えられる。その覚悟さえ揺るがなければ、どんなことだって可能なはずだ。

こういうめぐり合いがなければ、ぼくらはそこそこの敷地の、そこそこの広さの家に引っ越して、そこそこ楽しい暮らしをエスターと共に送ることになっただろう。でも、いまこうして千載一遇のチャンスを与えられたからには、これまでの軛《くびき》を解き放つような活動ができるかもしれない。だとしたら、たとえ途方もないことに思われようと、このチャンスを逃すてはない。

もちろん、人によっては、あいつら、また誇大妄想にふけっているな、と冷笑したりもするだろう。現在のエスターとの暮らしですら、馬鹿の骨頂だと嘲笑《あざわら》う人がたくさんいるのだから。そういう連中の言いたいことは容易に察しがつく——〝あんたらはいまのブタとの暮らしだけでも精一杯なんだろう。それなのに、その農場の購入費五十万ドルをどうやって調達する気なんだい？〟

十万人の熱狂に後押しされて

いろいろ考えた末に、この農場の取得にかける思いをエスターのページに書いてみた（ぼくらはこのページを、マジシャンが運勢を読みとる水晶玉のようにとらえてもいた）。素晴らしい農場が見つかったのだが、価格が大きなネックになっている。できればこの農場を恵まれない動物の避難所に変えたいのだ、と書き添えたところ、膨大な数のコメントが殺到した。メッセージに次ぐメッセージ。どれもが、やるべし、とぼくらを鼓舞していた。〝あんたたちの背後は守ってやる、信念に従って行動しろ、あんたたちならできる、前進あるのみ！〟（思いつく限りのヴァリエーションの〝賛成〟があいついだ）。ぼくらの気持ちを駆り立て、奮い立たせるコメントの、際限のない結集。それこそ十万人のチアリーダーから、やればできる、と激励されているようなものだった。声の主はあらゆる階層にわたっていて、みな申し合わせたように、自分たちが応援するから頑張れ、と言ってくれる。最近流行りの〝クラウドファンディング〟、あの、不特定多数の人からネット経由で資金を調達する手法、が頭に浮かんだのは、そういう状況を目のあたりにしたせいだった。

とりあえずは、売り主に対して購入の申し入れをする。そして、結果を待つ。もし受け入れられた場合は、条件交渉になるはずだ。にべもなく断られた場合でも、すくなくとも自分たちはトライしたのだという満足感は残るはず。もしかすると、最初に考えた以上の、大がかりなプロジェクトが生まれるかもしれない。そういう気がしてきたのは、フェイスブックのフォロワーの熱狂的な反応に接したせいだった。

そう。それに後押しされて、ぼくらは賭けに踏み切った。

決めたとなると、事態は敏速に動く。いったん何かをしようと決めると、ぼくはぐずぐずしていられないたちだ。それは強みでもあれば、弱みでもある——ときには、その二つが同時に作用する。いずれにしろ、ぼくは速戦即決型だから、デレクと農場を見にいき、対応を話し合い、エスターのファンたちに報告した後、実際にオファーするまでの時間は、かなり短かった。三日もたっていなかったと思う。フォロワーたちの激励は、やれる、という自信を与えてくれた。かくしてぼくらは、売り出し価格に応じるオファーをしたのだった——ただし、頭金の支払いまで六十日の猶予を与えてほしい、という条件つきで。

このオファーはまず受け入れられないだろう、とは思っていた。不動産ビジネスが本業のぼくが言うのだから、間違いない。そもそも六十日の猶予の要望からして——これほどの物件の場合はなおさら——常識はずれなのだ。それは、購入希望者が他にもいるのに、この農場を二か月間売りにださないでくれ、と頼むようなものなのだから。実際、この別口の購入希望者の件も、無視できなかった。いま人気最高のハリウッド・スター、ブラッドリー・クーパーのエージェントに向かって、エスターを描く映画に——それも、エスターの役で——最低のギャラで出演してくれないか、と頼み込む。ぼくらがやっていたのは、それに等しい行為だった。

申し入れに必要な書類をつくりながら、そういうことをデレクに説明した。いざ断られた場合に、彼――と、ぼく自身――が受けるショックをなるべくやわらげるために。とにかく、ぼくらが出せるオファーはそれが精一杯だった。六十日後に払い込む頭金としては四十万ドル程度を想定していたのだが、その四十万ドルにしろ、すぐに用意できる目途は立っていなかった。十万人のフォロワーがいるという安心感から生じる妄想。それを振り払って冷静に事態を見つめようとすると、〝現実〟という言葉が重くのしかかってくるのはやるせないものだ（だいたい、エスターを愛するフォロワーが十万人といっても、農場の買収費まで負担しようと言ってくれる者など、すくなくともその時点では、一人もいなかったのだから）。

でも、あの農場に惚れ込んだ以上は、気持ちを引きしめてあたらなければならない。デレクと腹を割って話し合ったとき、こちらのオファーは売り主に一蹴されるだろうと見る点では一致した。それでも、敢えて挑戦する価値はある。ここで退いたら、後になってこうぼやき合うにちがいないのだ――覚えてるだろう、あの完璧な農場？　あのとき諦めずに思い切ってオファーしてたらどうなってたかな？　もしイエスという返事をもらっていたら、どうなっていただろうな？

いよいよオファー提示の用意ができたとき、通常のやり方では心もとないと思った。現に競争相手がいるわけだし、ぼくもデレクもすごく熱くなっていた。で、仲介の業者にたずねてみた——ぼくらのことをすこしでも農場の所有者に知ってもらいたいので、自己紹介状を添付してもかまわないだろうか、と。

返事はOKだったので、農場に寄せるぼくらの思いを書き記した。あのシーダー・ブルック農場のことを、どうして知ったか。あの農場の取得を、いまはいかに熱望しているか。取得した場合、あの農場を舞台にどういうプロジェクトを展開するつもりでいるか。こちらの真意をなんとか理解してもらうために、いわば手持ちのカードをすべてさらしたわけである。先方の心情にすこしでも訴えて、この農場はぼくらにとって単なる不動産ではなく、新たな人生に踏みだす切り札なのだということを、知ってほしかった。この農場を通して、ぼくらは新しい世界を切り拓きたいのだ、と。

それから、この農場を大規模な住宅造成地に変えるつもりなど毛頭ないことも知ってほしかった。シーダー・ブルック農場があるあたりはいま、大がかりな開発が進んでいる。おそらく、対抗オファーを画策している連中はあの農場を更地にして、分譲するつもりなのだろうとぼくらは見ていた。あの区域では、別荘用分譲地の開発が流行っていたのである。

でも、こちらはあの農場をあくまでも農場として維持するつもりだった。あの農場を魅力的にしている要素をすべて保ってゆく。それを、いまの所有者も望んでいればいいのだが。あの農場が生まれたのは一八六〇年で、以来二代にわたる所有者によって引き継がれてきた。もしここで、宅地造成業者などの手に渡ったら、せっかくの農場の伝統も途切れてしまうことになる。

それともう一つ、手付け金の問題もあった。その時点でぼくらが出せるのは、ほんの五千ドル程度だった。これも常識はずれであることは十分承知していた。五千ドルの手付け金が通用するのは、二十万ドルクラスの不動産を購入する場合だ。おまけにぼくらは、適当な頭金を用意できるまで六十日間の猶予がほしいという条件すらつけている。先が読めるギャンブラーだったら、まずこういう賭けにはのるまい。ディーラーにしかるべきチップを渡して、さっさと退散してしまうはずだ。

考えても見てほしい。ぼくらは自宅を売ろうとしている人に向かって、こんなセリフを吐こうとしているも同然なのだ――〝おたくがすごく気に入って、ぜひ購入したいんだけど、いまのところ資金がなくて、これから百万ドルを調達しなければならない。だから、必要資金がたまるまで六十日間待っててもらえないかな?〟

正常な頭の持ち主ならまず、ああわかったよ、などと答えるはずがない（ましてや、ぼくらとちがって豊富な資金を持っている購入希望者が他にいるとしたら）。

ぼくらのオファーを噴飯ものにしているのは、五千ドルという馬鹿安の手付け金だけではない。何度も言うようだが、頭金の払い込みまで六十日間の猶予がほしいという虫のいい条件をつけたこと。それこそは非常識のきわみであって、五千ドルという手付け金は、〈非常識〉の上に、さらに〈非常識〉を上乗せするようなものだった。

不動産業界に入って十一年になるぼくだが、実際のところ、こんなオファーを承諾した人など見たこともない。手付け金を打ったといっても、それは約束した頭金を間違いなく調達することを保証するものではない。売り主の側に立ってみれば、ぼくらが約束を守るだろうと信じて、危ない橋を渡るようなものだ。こんなきわどい賭けもない。

ところが……信じられないことに……。

売り主は呑んでくれたのである、ぼくらのオファーを！

(だろうと思ったとおっしゃる方は、そもそもこの物語がアンハッピー・エンディングで終わるはずがないと、わかっていらっしゃるからだと思う。でも、ここはともかく、ぼくらの身になって、びっくりしてほしい)

イエスの返事を聞いたとき、ぼくらは驚きのあまり言葉も出なかった。売り主からの電話では、ぼくらのオファーはおおむね了解したとのこと。正式契約の締結日を多少ずらすとか、いくつか修正してほしいことはあっても、大筋において異存はないという。その修正要求は、別段こちらの意欲をそぐようなものではない。ボールはこちらに投げ返されたのだ。

ということは――。

そう。

ぼくらは死ぬ気で約束を果たさなければならない。

高望みは後悔のもと、という格言がある。そんな思いも頭をかすめた。

学校でいちばんの美少女、もしくは美少年の前につかつかと歩み寄って、付き合ってくれないか、といきなり頼む。それと同じことをぼくらはしたわけだ。といって、断られてもともとなのだから、失うものなど何もない！　いや、さすがにプライドは傷つくだろう。が、断られてもともとなのだから、ショックだってしれたもの。宝くじをたった一枚買い、百万ドル当たらなかったからといって、絶望したりはしない。

そう思ってのりだした冒険だった。夢のボートに憧れ、現にそのボートを漕ぎだすことになった。しかも、これは単なる〝デート〟の申し込みではない。〝結婚〟の申し込みだった。

仮契約にサインして頭金の調達に邁進するか、それとも夢の農場をきっぱり諦めるか、決定まで残された時間はほんの二、三時間しかなかった。しかも、そのときはある筋から、ぼくらの体験手記を出版したいという申し入れがあって、それを検討したり、風邪を引いたエスターの看護に追われたりで、てんやわんやの状態だった。

最終的に断を下したときには、ぼくもデレクも神経が参りそうだった。が、ともかくも、夢は現実のものとなった。巨額の頭金をどう調達するか？　仮契約が成立した瞬間から、資金調達の残り時間を刻む時計がチクタクと鳴りはじめた。賽《さい》は投げられたのである。

「エスター農場プロジェクト」がスタート

クラウドファンディングによる資金調達については、ずっと考えていた。最近ではだれもが利用しているようだし、ある男性などは最上のチーズ・マカロニ・グラタンをつくるために、クラウドファンディング・キャンペーンを展開していた。しかも、かなりの成果をおさめている！　だとしたら、ぼくらのプロジェクトだって、成功の可能性はかなり見込めそうだった。問題は、肝心のクラウドファンディングのキャンペーンを展開するノウハウを、ぼくらがまったく知らなかったことだ。

そもそも、募金を呼びかけるのにどの運営サイトを使ったらいいか、それすらわからなかったのだから。候補はたくさんあった――キックスターター（Kickstarter）、インディゴーゴー（Indiegogo）、ゴーファンドミー（GoFundMe）、ヘルプミーバイアサンドイッチ・コム（helpmebuyasandwich.com）……まさしく百花繚乱《ひゃっかりょうらん》（いちばん最後のサイトは、早い段階で対象外にしたけれど）。いったいどのサイトを選んで、どうやってキャンペーンを立ちあげればいいのか、見当もつかない。どのくらいの経費を必要とするのかも、わからなかった。

もう一つの重要な問題。調達の目標額をいくらに設定すべきか？　二十万ドル？　四十万ドル？　六十万ドル？　迷っていても仕方がない。前進あるのみ。

その頃になると、すべてが具体性を帯びてきた。ぼくらはいよいよ、身分不相応な買い物を実行するプロセスに入ったのだ。失敗すれば何もかも失う。ローンの金額はかなり増えそうだし、万事成功したとしても、動物たちをどうやって食べさせていくか。どれくらいの数の動物を助けてやれるか。課題は山積していた。しかも、事態が流動しているため、すべての決断を迅速に下さなければならない。

最終的に、プロジェクト名を〝エスター農場プロジェクト〟とし、募金目標額を四十万ドルに設定した。利用する募金運営サイトは、利用規定の柔軟性を買って〈インディゴーゴー〉に決めた。ライヴァルの運営サイトの〈キックスターター〉は、不動産購入に関わるプロジェクトは受け容れないのだ。それに、この運営サイトの場合、仮に募金額が目標額に到達しない場合、積み重ねられた募金は全額応募者に返却されてしまう。それに対し、〈インディゴーゴー〉の場合は〝フレクシブル・ファンディング〟というシステムがあって、募金が目標額に達したときは三パーセント、達しなかった場合は九パーセントの手数料を運営サイトに払うだけでいい。しかも、募金額は全額取得できる。

目標額を四十万ドルに設定して、結果的に三十七万五千ドルしか達成できなかったとしても、足りない額を補充する方法をなんとか講じればいい。何が何でも四十万ドル調達しなければならないというのでは、賛同者たちに過大な心理的負担を負わせることになる。賛同者たちになるべく不快感を与えないこと。それもまた、運営サイト選びの決め手になった。

キャンペーンを立ち上げた瞬間から、エスターのファンは猛然と結集してくれた。応募金額は初日だけで三万ドルに達したのである。それから二週間、金額は順調に増えていった。三週目にさしかかった頃には十六万ドルに達して、これには目がまわりそうだった。けれども、さすがにこの頃になると、募金のテンポがすこし落ちてきた。ちょっと心配になったけれども、こういう場合に備えてキャンペーンを活性化する手段を考えてあった。募金の見返りの特典（Tシャツなど）を刷新して新しいものを増やし、出資者たちの関心が薄れないようにしたのだ。たとえば、二十ドルの募金に対して相応の特典をプレゼントしていた相手には、新しい特典を提示する。それによってその人がさらに二十ドル募金してくれるように気を配ったのだ。人々の期待に応えることで、キャンペーン自体を進展させていくことが狙いだった。

それと並行してぼくらは、仮契約で課された義務を果たすのに必要な、現実的な問題にも取り組んでいた。頭金の調達まで六十日の猶予があったとはいえ、農場の査定を実施して保証金を決定するには一週間の余裕しかなかった。本契約を結ぶまでにすませなければならない雑事はいくつもあった。最初から一貫して、複数の課題を同時にこなさなければならない日々がつづいた。そうしてなんとか問題解決に努めていた折りも折り、エスターの風邪らしい症状——が一段と悪化したのである。

あの子はソファに横たわって、葉っぱのように震えていた。ぶるぶる震えるエスターを目のあたりにすると、心配でたまらなかった。あの子はいつだってハッピーで、丈夫で、でっかい女の子だと思っていたのに。それが、まるで別人、いや別ブタのように元気なく、弱々しげに震えているのを見ると、キャンペーンどころではなくなってしまった。とにかく、あのエスターが何も口にしないのだから。

ブタが氷に弱いという話は前にも聞いていた。冬期にどうかして氷を大量に食べたりすると、ブタの内臓の温度が失調を来たし、高熱が出たりショック症状が出たりするという。自分の健康具合をネットの医療情報サイトでチェックしたりすることは、だれしもやっていると思う。これが自分の子供――や自分のブタ――のことだったりすると、とかく心配のあまり最悪の事態を想像してしまいがちだ（ここまで読んでくださった方なら、もうおわかりだと思う。ぼくみたいに心配性の男はそうざらにいないのだ）。

エスターのやつ、どうやら相当大きな氷の塊を食べてしまったらしい。二日もつづけてソファの上で震えているあの子を見ていて、一つはっきりした。体温をはからないことにはどうしようもない。あの子の耳とおなかはすごく熱くなっていたし、いつも以上にピンク色で、鼻にも汗の玉が浮いている。高熱に苦しんでいるのは明らかだった。これまでブタの体温をはかる必要に迫られることはなかったから、ブタ用の体温計などうちにはない（後から考えると、これはぼくらのうっかりミスだった）。

結局、ぼくらはチームプレイの精神でいくことにした。自分たちの体温計を犠牲にしたのだ。どこに挿入したかはお察しのとおり。オイルを十分に塗って、女王さまがご就寝のあいだにそうっと……と、するっとうまく入った。一回目はまったくつっかえずに入ってくれた。

結果、やっぱり高熱を発しているのが判明したので、ジュースを飲ませて水分を補給した（これで症状はだいぶ改善されたのだが、ジュースに味をしめて、またぞろふつうの水を飲んでくれなくなったのには困った）。エスターはインフルエンザにかかったのだと、ぼくらは判断した。

二度目の検温をしたときには、かなり手こずらされた。だいぶ体力を回復してきたエスターは、お尻に何かを挿入されるのをきっぱり拒絶したのだ。で、大型トラックみたいにトン走した――リビングを飛びだし、廊下を突っ走って、オフィス代わりの部屋に飛びこんだ。おそらく、ドアをばしんと閉めて、〝本日休業〟の看板をだしたい気分だったにちがいない。

とうとう募金額が四十万四千ドルに

その頃、募金キャンペーンのほうでは、ちょっとした事件が起きていた。ある匿名の応募者が、今後二日間で五万ドルの寄付をすると表明したのだ。いくら太っ腹だからといって、五万ドルだなんて！　すると、それに煽《あお》られたように、寄付金がまた殺到してきた。が、最初は大いに勇気づけられたのに、この一件は一種の反作用をもたらしはじめた。というのも、巨額の寄付表明から数週間たっても、肝心の寄付金が届かなかったからだ。キャンペーン中、募金額のトータルは随時ページ上に明示されることになっている。そこに五万ドルが一括して加算されないままだと、ぼくらがなんだか嘘をついたような雰囲気になってしまう。表立ってそう指弾した人はいなかったにしろ、みんながそう思っているのではないかと肩身が狭かった。事実、この一件に足を引っ張られたのかどうか、募金は再び停滞しはじめたのである。

あの時期は本当に参った。エスター・ファンの信頼を失いかけているのではないかと思うと、目の前が暗くなった。このまま頓挫してしまうのでは、と不安にもなった。あんたらの頭はどうかしていると嘲笑った連中……結局、あの連中の指摘が正しかったのだろうか？ぼくらは自問しはじめた。たしかに、ぼくらはどうかしていたのかもしれない。身の程知らずの夢を見ていたのかもしれない。

しばらくのあいだ、動揺はつづいた。ぼくらは互いに信頼し合っていた。この信頼さえ揺るがなければ、どんな苦難にも耐えられると思っていた。困難な道ではあったけれど、手抜かりがないように最善を尽くしてきた。大勢の人たちの期待を担っていることもわかっていた。だからこそ、このプロジェクトを成功させなければならない。

それがだめなら、もうやーめた、と言って、それこそバハマにでもトンズラしてしまったほうがいい。

もちろん、これは冗談。そんな馬鹿な真似をするつもりなど毛頭なかった。でも、そのときはその思いつきがどんなに誘惑的だったことか！

でも、ともかく、エスターは快方に向かっていた。あとは、このキャンペーンに再び弾みがつくことを祈るだけ。

そして、まさしくエスターのインフルエンザが快方に向かい、またあの子が悪戯《いたずら》をしはじめたそのとき、約束の五万ドルがついに届いたのだった。募金総額は二十四万ドルに達し、キャンペーンにはまた弾みがついた。とはいえ、キャンペーン終了予定日まで、残すところ数週間。しかも、目標額まではまだだいぶひらきがあった。

六月二十八日、キャンペーン終了予定の二日前、ぼくはデレクに起こされて、携帯を顔に突きつけられた（何度となくくり返されるシーンだが、ぼくがよほど寝坊なのか、デレクがそうやってぼくを起こすのが好きなのか、どちらかだろう）。

驚いたことに、募金額が四十万四千ドルに達していた！　なんと、目的が達成されたのだ！

そして、この一年間、信じがたいことが起きるたびに浮かんだ言葉がまたも頭に浮かんだ——まさか、こんなことが。

まさしくその瞬間に至るまで、ぼくらはいろいろな言い訳を考えていた。いや、実は何かと障害があって、本気であの農場を買うつもりじゃなかったんだよ、とか。キャンペーンが失敗したんで、契約が流れちゃってね、とか。

ところが、募金はみごと目標額に達した。

もちろん、それはそれで、空恐ろしいことだった——これまでに直面したどんなことよりも。ぼくらは正式に、インターネットで見ている数百万の人々に確約したことになるのだ——〝エスター農場〟を創設して、多くの恵まれない動物たちを救います、と。その瞬間、約束は比喩的な意味でも文字どおりの意味でも公式のものとなった。もはや後もどりは許されない。ぼくらは目標を達成したのだから。

そう、ここまでくると、あの農場を本当に購入したも同然だった。

となると、いま住んでいる家を早急に売却して引っ越さなければならない。エスター農場の創設、それははるか彼方にある夢、あこがれの理想郷だったのに、いまや現実のものになったのである。

そんなことは不可能だ、とほとんどだれもが考えていたと思う。ぼくらを支援してくれた人たちですら、百パーセントは信じていなかっただろう。世界最大の組織でも、二か月間に四十万ドル調達しろと言われたら、悪戦苦闘するはずだ。ぼくらはもちろん、大きな組織ではなかった。〝エスター農場〟に夢を託すデレクとスティーヴにすぎなかったのに、なんとか、やりとげた。

これほどの達成感に包まれたことなど、いまだかつてなかった。幸福の涙は三秒とたたないうちに恐怖の涙に変わり、また幸福の涙にもどった。このプロジェクトをスタートさせるまで、自分たちは本当にとるに足らない存在だと二人とも思っていた。ところが、エスターの存在が世界中の人たちの耳目を集めた結果、ぼくらはいま何者かになろうとしている。もっと重要なことに、ぼくらには目的が生まれた。真の目的が。これから無数の動物たちを救い、他の手段では得られなかったような住み家と平和な暮らしを与えてやらなければ。それこそがすべてだ。

二人の暮らしがこんなに激変するなんて、本当に考えられなかった。でも、ぼくが言うといかがわしく響くだろうが、たとえ達成不可能な目標だと思っても、やればできるのだ。つい三年前には、こんなことが実現しようとは思ってもいなかった。でも、いまは現にこうして……。

第八章
引っ越しと旅立ち

エスターのページでは現在〝エスター・ストア〟を展開していて、エスターのTシャツを販売している。売り上げトップのシャツの胸を飾るフレーズはこうだ――〝Eat（食べる）Sleep（眠る）Root（ほじくり返す）Repeat（くり返す）〟。この四つの行為がエスターのお気に入りで、それが、好きな順番にもなっている（本当のところは、あの子に訊いてみなければわからないけれど）。エスターのライフスタイルで、地面を鼻でほじくり返す行為は絶対に欠かせない。あの子はほじくらずにいられないのだ。まだブタの世界にうとい方のために説明しておくと、エスターはまずその鼻で地面や草むらをなるべく深くほじくり返す。それから、そのときの気分しだいで右か左に三センチほど鼻を移動させ、また地面をほじくり返す。それが大好きなのだ。毎日、いついかなるときでも、気が向けば地面をほじくり返す。何度も、飽きずに。

犬は物を地面に埋め、猫はあらゆるもので爪を研ぐ。鶏はコッコと鳴き、ヘビはにょろにょろと地面を這い、ミーアキャットは……うん、ミーアキャットは何をするのか知らないが、たぶん、素敵なことをするのだろう。言いたいことは、おわかりだと思う。どんな動物にも本能的な癖というものがあって、ブタの癖は地面をほじくり返すことなのだ。それで、Tシャツのスローガンにもそれを加えたのだった。

わが家にきて二年のあいだに、エスターは庭の芝生を完璧に破壊してくれた。あの子の誕生パーティは、わが家の内も外も、なるべくきれいな状態で迎えたかったから、裏庭にも新しい土を入れた。それで、芝生のあらも目立たないはずだった。そのときは、パーティが終わってからわが家を売りにだすまで、まだ二か月の猶予があるということを忘れていた。裏庭に新しい土を入れるのは、わが家を売りにだす数日くらい前まで待つべきだという考えが、当然ぼくらの頭にも浮かんでよかったのに。

が、浮かばなかったのである、そういう考えは。

そこでまた、Tシャツのスローガンの出番になる。〝食べる〟と〝眠る〟は何の問題も引き起こさないが、〝ほじくり返す〟と〝くり返す〟は厄介な問題を引き起こす。裏庭の土をぜんぶ入れ替えてから二か月たったとき、そこは入れ替え前とまったく変わらない状態にもどっていた。エスターが存分にほじくり返したからだ。恐るべし、エスター・パワー。もちろん、ぼくらは何のショックも覚えなかった。あの子は遺伝子コードに深く埋め込まれた本能に従って、自分の仕事をしていたにすぎない。裏庭をメチャメチャにしろ、とあの子の本能が命じたまでのこと。が、一方ではわが家を売りに出す期日も迫っていたから、ダメージを最大限緩和する必要があった。

わが家を売却するための、最初のオープン・ハウスまで二週間。ぼくは暇さえあれば裏庭に出て、エスターがほじくり返した地面をならした。四十五分ほどかけて整備し、庭が最高の状態にもどったのを見届けてから家の中にもどる。いい仕事をしたという満足感と心地よい疲労に包まれながら、ふと窓の外に目をやると、もう、新たにほじくり返された穴が十個はあいている。これはデレクが頑張ったときも同じで、よし、きれいになったぞ、と家の中にもどると、入れ替わりにエスターが庭に出て、いそいそと〝もぐら退治〟をはじめてしまう。

新しい土を定着させるには、それなりの手続きが必要だ。芝生の根っこをなじませるためには、水をまく。そうすると、土全体がやわらかくなる。それでもなんとか健全な根っこを根づかせようとしていると、体重二百二十キロのバレリーナがその上で嬉々として踊りまわってくれる。土は万遍なくほじくり返され、そこかしこに穴があき、庭の整備はもうおしゃか。あの頃の裏庭は、地雷原にタコツボを掘って塹壕《ざんごう》をつくったような眺めを呈していた。新規にまいた土は、単に庭全体をぐちゃぐちゃにするのに役立っただけだった（パーティの当夜こそ申し分なかったけれど、その前後がどうにもこうにも……）。

あの火曜日。とうとう迎えたオープン・ハウスの日。わが家の購入希望者は七組予定されていて、迎える時間を散らしたために、エスターを適当に家の中に入れたり庭に出したりする余裕はなかった。つまり、あの子はデレクと一緒に地下室に閉じこもっていることになった。

あの家では、素晴らしい思い出を数え切れないほどつむいできた。マイホームで子育てをした人がその家に愛着を抱くように、ぼくらもあの家でペットたちと暮らした思い出をたくさん積み重ねていた。動物たちはあの家で育ち、幾多の冒険を楽しみ、ぼくらの暮らしに多くの喜びを与えてくれた。大きめのスニーカー並みのサイズでしかなかったエスターが居ついたのも、あの家だった。新しくあの家の住人になる人にも、心からあの家を愛してほしかった。

その日、購入希望者が次々に現れたものの、反応はいま一つで、大丈夫かなと不安になった。が、七番目に現れた希望者は、家屋も庭も気に入ってくれた様子だった——何もかも素晴らしいし、自分にぴったりだ、と言ってくれたのだ。とても感じのいい女性だったし、何よりもこの家の価値を認めてくれている。そういう人の手に渡るのなら、これほど嬉しいことはない。一応、この家の査定を第三者にしてもらいたいし、資金面の手配もしなければ、とその女性は言う——こういう場合、それは当然のことだった。引渡し希望は十一月だが、その前後でもかまわないとのこと。実は、それより数週間前、農場のほうの売り手から連絡があって、引き渡しを十一月から十月に繰り上げられないか、という打診を受けていた。だが、そのときはまだわが家の売却の目途が立っていなかったため同意できなかった。農場の売り手にまだその気かどうか確かめたところ、その件は考え直したということなので、結局、農場の引き渡し日は最終的に十一月十日に決まった。こちらとしては言うことはない。引っ越しまでに十分な余裕ができたわけだから。引き渡し日が決定し、わが家の買い手も決まったことで、残るはわが家の正式査定のみになった。ここまでくれば、もう足を引っ張られることもないはず。ただ、すべてがあまりに順調に進んだので、最後に何か番狂わせが起きるのではないかと不安な気持ちもあった。もしかすると、査定のあいだに何か不祥事が起きるかも、という一抹の不安が胸をかすめた。

が、結果的には何事も起きなかったのである。

もちろん、査定のあいだ、エスターは隠しておかなければならなかった。といって、あの子を完全に隠せる場所などあるわけがない。とにかく外で遊ばせて、邪魔にならないようにするつもりだった。これで何とかなるだろう。ところが、息抜きとはＸｂｏｘで遊ぶことと思い込んでいる子供のように、エスターは長時間外にいたがらない。あの子は自分を人間だと思っているのだが、人間は一日中外にはいたがらないものだ。日頃は家の中で暮らしていて、ときどき外で遊びたがりはしても、家に入りたくなったら断固として入る。それを禁じられると……わめきだす。

わが家の査定が行われた日もそうだった。エスターはジェット旅客機のような声でわめきだして、中に入れろと要求した。けれども、ぼくらは幸い、そんなエスターを気にせずにすむ段階にさしかかっていた——何といったって、これから引っ越しをするのだから。ほっと溜息をつきながら、あの子をわめくがままにさせておいた。といって、あの子をほったらかしにしていたわけではない。ただ、かつてのように、見つかったら一大事、なんとかあの子を黙らせないと、とパニックに陥るようなことがなくなっただけだ。その日は、あの子を好きなようにわめかせておいた。それがあの子の健康のためにいい、という人もいた。たしかに。ぼくら人間だって、ときどき、腹の底から大声をだしてわめくことができたら、どんなにすっきりすることか。

そうこうするうちに本格的な引っ越しの準備がはじまって、あれこれ荷造りに着手すると、エスターはそわそわと落ち着かなくなった。何かペットを飼っている人なら、おわかりだと思う。動物は、周囲の変化にとても敏感なのだ。いつもとちがうことがあると、すぐにピンとくる。家の売却が正式に決まると、いろいろな準備が急速にはじまった。すると、エスターの挙動にもはっきりと変化が現れた。事あるごとに窓の外を見て、ぼくらの一挙一動を見守る。何か新しい段ボールの箱を床に置くと、すぐ鼻づらで引っくり返して中身を確かめる。ぼくらが出入りするたびに、動きを目で追う。だれかがやってきたり、荷物が運びだされたりする様子をじっと注視する。エスターは突然、どんな番犬よりも有能で――しかも大柄な――〝番ブタ〟に変身したのだった。

たしかに、エスターにとっては初めての体験だったことは間違いない。だから、すべてに敏感になっていた。以前は部屋の隅のランプになどまったく無関心だったのに、いまはぼくらのほうを向いて、〝じゃ、あのランプはどこに持ってく気?〟とでも言いたそうな目つきで見る。弁護士との打ち合わせ等、いろいろな用件で長時間外出して帰宅したとする。以前のエスターだったらノホホンとしているのに、いまはこちらを咎めるような目つきで見るのだ。まるで、腕組みをして床をコツコツと爪先で打ち鳴らしながら、〝で、どこにいってたの、おたく?〟と詰問するかのように。以前だったら、あの子の様子が落ち着かないときは、ミントを二、三粒与えたものだ。するとあの子は鼻をべたっと床に押しつけて陶然となり、しばらくすると落ち着いて寝入ってしまうのがふつうだった。が、あの週は、ミント効果もゼロだったのである。
あの子はさかんに家の中をうろつくようになり、ぼくらの部屋に入りたがった。ドアがロックされていても、むりやり入り込もうとする。ぼくらの行動に、いちいち目を光らせるようになった。ふだんとはまるでちがうぼくらの様子が気になるらしく――たしかに、リビングでのんびりテレビを見たりしていなかったから――あの子は神経過敏になっていた。でも、こちらにしてみれば、とにかく多忙だったのだ、あのときは！　暇さえあると地下室で荷造りをしていたし、そこから何トンもの荷物を運びだす必要があった。エスターはすぐに、それにも気づいた。

地下室への階段は折り返し式になっている。だから、エスターが地下室にいこうとしたら、まず途中の踊り場まで降り、そこで方向転換してからフゴッと鳴いたりして下を見おろす。そして、残りの階段を降りることになる。あの子が階段の上に立ったら、即注意が肝心だった。一段降りたと見たら、すぐにこちらが駆けのぼって、もとにもどさなければならない。なぜなら、いったん下まで降り切ったら、上までつれもどせるかどうかわからないからだ。最後に地下室に降りたときから、あの子はまたひとまわり巨大になっている。その巨体を上まで押しあげてやる自信が、ぼくらにはもうなかった。しかも、あの階段はステップとステップのあいだに隙間があいている。そこにエスターが足を突っ込んでしまったら、骨折は間違いない。それが心配でたまらなかった。だから、あの子が階段を一段降りたと見ると、ぼくらのどちらかが駆けのぼってキッチンにつれもどし、ミント入りの缶をカタカタ言わせることにしていた。これぞ、〝エスター・ベル〟だ。その音を聞くとあの子は、〝ミントのご褒美だわ〟と思っておとなしくなる。成功率百パーセント。電気缶切り（ツナ缶用！）の音を聞かせるとたちまち猫が寄ってくるように、ミントの缶を振ると、たちまちエスターは舞いあがる。ただし、それで一件落着とはいかない。よし、これでエスターも諦めてくれたな、と思ってぼくらは地下室にもどり、荷造り作業を再開する。と、ほどなく、またしてもパタパタと足音が聞こえるのだ。最初は廊下を近づいてくる足音。次いで階段のステップに足をかける音。ぼくとデレクは顔を見合わせて、確かめ合う。「どうする、こんどはどっちがあの子を止める？」

退屈なことなど一瞬たりともない。それがエスターとの暮らしだった。もちろん、ぼくらはしょっちゅう荷造りをしていたわけではないから、あの子も四六時中神経をとがらせていたわけではない。もっとも、以前だって平穏無事な時間などほとんどなかったのはたしかで、たとえばパソコンで仕事をしている最中など、片手でキーを打たなければならないときがよくあった。もう一方の手に、エスターが鼻をこすりつけてくるからである（パソコンをよく使う人で、猫も飼っている方なら、よくわかるはず）。ぼくらは何をしていても、一方の耳はエスターのほうに向けていた。まさしく、よちよち歩きの赤ちゃんがそばにいるときのように――わが家の場合は、ストーヴまで引っくり返せるような、馬鹿でかい赤ちゃんではあったけれど。

エスターを初めて意図的に玄関前につれだしたのも、その頃のことだった。〝当家売却ずみ〟という看板のわきにエスターを立たせて、記念写真を撮りたかったのである。ただそれだけのことなのだが、ぼくらにとってはワクワクする瞬間だった。それまでは、エスターが人目につかないよういつも気を使っていた。ところが、その日はエスターを堂々と玄関の前につれだし、看板のわきに立たせて、フェイスブックのページを飾る愉快な写真を撮ることができたのだ。なんとも言えない気分だった。エスターの家でもあったわが家。その玄関前に、その日ようやく、晴れてあの子を立たせることができた。それもこれも、その家の売却が決まったればこそ。それはエスターとの暮らしにおける重要な一章の幕切れであると同時に、胸おどる新たな一章の幕開けでもあった。

楽園の入り口に立つ

十一月六日。農場の引き渡し日。山積した仕事に気をとられていたので、そんな電話連絡があろうなどとは思ってもいなかった。発信者番号を見ると、弁護士のそれ。何の話だろうと思ってスマホを耳にあてると、驚いたことに、きょうは引き渡し日だから鍵をとりにこい、という。このところ、いろいろな準備に忙殺されていたし、長いあいだ、〝まあね、たぶん、うまくいくさ〟という流儀で生きてきたので、とうとう決定的に山を越えたのだと思うと、恐ろしさすら感じた。〝おい、いい加減に目をさませ〟とだれかに肩を揺すられたりはしないだろうな。まさか夢を見ているのではないだろうな。ダース・ベイダーは生身の人間なのかな。

その瞬間、さまざまな感情が一気に湧きあがってきた。泣いていいのか、笑っていいのか……それとも、勝鬨《かちどき》をあげればいいのか。自分の感情をどう分析すればいいのかわからないまま、家を抜けだして鍵をもらいにいった。ぼくが驚いたのだから、デレクも驚くだろう。家に帰ったら、この予想外の素晴らしいプレゼントで、デレクを驚かせてやれる。

もし、そのとき十分なゆとりがあったら――いや、あれだけ忙しかったのだから、並みのゆとりでもいい――ついに農場が正式にぼくらのものになったことを伝える気の利いた方法を考えていたかもしれない。たとえば、一種の〝ゴミ拾い競技〟にでもデレクを誘いだして、いろいろなゴミを集めていくと、最後にあの鍵にたどりつくとか。あるいは、隣りの部屋からあるものをとってきてくれないか、とデレクに頼む。で、デレクがそこに入っていくと、ジャーン、農場の鍵が目に入る！　ぼくがマジシャンだったら、デレクの耳の後ろから二十五セント・コインをすっととりあげるふりをする――ところが、それはコインではなく、農場の鍵だったりとか！

でも、そういう手は何も使わなかった。ただ、動転している阿呆者のように家に飛び込んで叫んだのだ。「鍵だぞ！　鍵をもらったぞ！」言葉だけでは足りずに、鍵を振りまわした。

ほら、見ろよ、鍵だ、鍵だ！

宝物だ！

ぼくらは農場にすっとんでいった。ぼくとデレクと、犬のシェルビーにルーベン。そのメンバーで農場に入ったのは、それが初めてだった。それまではたいてい家族とか友人、不動産屋の係とかカメラマンが一緒だったのだが、そのときはぼくらだけでいったのだ、ぼくらの農場に。

こらえ切れずに、赤ん坊のように泣いた（やっぱりな、と思うだろうね）。


犬と一緒に母屋に入って、内部をくまなく探索した。シェルビーとルーベンはここが初めてなので、すべてが目新しかったはずだ。初めての場所を歩きまわるときの犬は、大興奮してしまう。犬たちにとっても、この農場は素晴らしいプレゼントなのだということを、あらためて覚った。初めて見る光景、初めてかぐにおい――犬たちにとってはすべてが新鮮な冒険なのだ。シェルビーとルーベンの目がらんらんと輝いているのを見て、すごく嬉しかった。

一つの部屋から別の部屋へ、庭にもどって畜舎を通り抜けてと、犬たちと一緒に嬉々として走りまわった。この農場の何もかも、隈なく見てまわりたかった。と同時に、新しい農場主としての自覚も湧いてきた。いくつか確認しておくことがあった。農場に本来備わっているはずのものが、すべて備わっているかどうか。不当に持ち去られたものがないかどうか。ここに残していくと前農場主が言っていたものが、そのとおり残っているかどうか。結果は案ずるより産むがやすし。前農場主は、約束をすべて果たしていてくれたばかりか、ぼくらのためにちょっとした贈り物や親切なメモまで残しておいてくれたのだ。その一つが、機関車の模型だった。これは、前農場主が以前勤めていた鉄道を定年で辞めた際に会社から贈られたもので、彼が長年機関士として運転していた機関車のレプリカだったのである。しかもその機関車には、何匹もの家畜のミニチュアまで乗り込んでいた。それは、農場主として第二の人生を歩むという彼に、会社側が気をきかせて贈ったはなむけだったのだろう。びっくりしたことに、その模型機関車の運転席にすわっていたのは、ミニチュアのブタだった。なんという偶然！　まるで、その農場がいずれぼくらの手にわたることを見越していたみたいではないか。運転席のブタはすべてをコントロールしている。ぼくらの第二の人生の象徴でなくて、何だろう。

動物たちの「自由」を目指して

実際、この農場がいまやぼくらのものだなんて信じられなかった。あれこれ修繕する箇所があるとか、塗装し直すところがあるとか、そんなことはどうでもよかった。重要なことはただ一つ、この素晴らしい農場がぼくらのものになったということ。まさかこの歳で、人生のこの段階で、これだけのものを手中にできようとは思ってもいなかった。人はだれしも、いつか手に入れたいと願っているものがある。ささやかな田舎の土地とか、都会のロフトとか、あるいは洒落たビーチハウスとか。だれもが夢に見る楽園。そして、この農場こそはぼくらの楽園だった。ぼくらはとうとう夢を実現したのだ。

そしてもちろん、何よりも肝心なこと。この農場を絶対に、ある理想のために役立てなければならない。この農場を通して、苦しんでいる多くの動物に手をさしのべるのだ。この農場は、単にぼくらの住み家に留まらない。ここはあらゆる動物の住み家になるのだ。食料や寝床といった基本的な条件はもちろん、それ以上のもの、思いやり、愛情、介護、そして希望がふんだんに注がれる場所でなければならない。

新たに獲得したこの地所、この新しい家に一歩足を踏み入れて、これから自分たち家族の味わえる諸々の楽しみに思いを馳せたとしても、大目に見てもらえるだろう。でも、大切なのは、その楽しみを越えて、苦しんでいるすべての動物を新居に迎え入れる方策を考えることだと思う。ぼくらはその動物たちの避難所になりたいのだ。暗いトンネルの先に射す一条の光でありたいのだ。虐待され、ほったらかしにされ、ひどい扱いを受けている動物たち——人間という存在は彼ら罪のない、愛らしい動物たちにどんなにむごい仕打ちをしてきたか、考えるだけでも胸が痛むのだが——ぼくらはその動物たちをなんとか救済したいと思う。エスターの物語が多くの心優しい人たちの胸を打って、この農場を取得できたいまこそ、その方向に邁進しなければ。

ぼくとデレクは、およそだれでも考えつくような感傷的な言葉をすべて口にした。互いにハグし、跳びあがり、代わる代わる、ときには同時に、涙を流した。ぼくらは互いに手をとりあって新生活に踏みだすのだ。信じられないような気持ちだった。敷地の中を歩きまわると、さまざまなものが目に入る。で、〝あれは気がつかなかったな〟とか〝この箇所をじっくり見るのは初めてなんだから、むりもないよ〟とか言い合って納得する。この広い農場を隈なく見て、すべてを知り尽くすまでには長い時間がかかるだろう。それもまた楽しみの一つだった。これは一つの冒険でもあって、そこから生まれる可能性は予想もつかない。新たな発見は無数にあるだろう。この農場では、すべてが青天井だった。

翌日もぼくらは農場に出かけた。エスターは置き去りにされたために、ムクれていた。出かけたのはぼくとデレク、それにぼくの母と義父の四人で、ほぼ一日かけて、エスターを農場の外に出さないためのフェンス作りに精を出した。それは、いずれエスターを農場につれていく前にぜひともすませなければならない仕事だった。引っ越しの当日、十一月八日には〝自由っていいな〟というイヴェントが予定されていて、主役はもちろんエスターだった。

〝自由っていいな〟というフレーズは、エスターが初めて農場に放たれる瞬間をみんなで祝うイヴェントのために考えだした。〈インディゴーゴー〉の募金キャンペーンの出資者たちには、待ちに待った瞬間に立ち会える特典が与えられていたから、大勢のエスター・ファンがはるばる農場まで駆けつけてくるはずだった。ここまで応援してくれたすべての人に感謝するため、当日は農場でささやかなパーティも催す予定だった。わざわざ遠方からやってくる人たちに、二、三日延期させてくれなどとはとうてい頼めない。フェンスはどうしてもそれまでにつくりあげる必要があった。幸い、全員の熱意と汗によって、予定通り完成した。が、だからといって、一日中置き去りにされたエスターのご機嫌が直るはずもない。

家にもどってみると、エスターはリビングの真ん中ですやすやとご就寝あそばされていた。カーペットはアコーディオンのようにくしゃくしゃで、あの子はまくれあがったカーペットを枕に眠っていた。あの子の思考プロセスはおおよそ察しがつく――みんな勝手なことして、あたしだって勝手にさせてもらうわ。


ぼくはてっきり、引っ越しの当日まで自分のワクワク状態がつづくのではないかと思っていた。ところが急に、奇妙にうつろな感覚が襲ってきた。すべてが現実とは思えないような感覚、とでも言えばいいだろうか。これほど短時間にすべてが成就したことが、たしかな事実として受け入れられないのだ。もちろん、たとえ思考が麻痺しようと、一種パニックに似た激情に貫かれることもあった。とりわけ鮮明に覚えているのは、引っ越しの数日前に経験したこと。そのときは車で外出からもどってきて、わが家の私道に乗り入れようとしていた。ああ、こうしてこの私道に乗り入れるのも、これが最後かもしれないな、となんとなく思った。すると急に、何とも言えない悲しみに襲われたのである。引っ越しはもちろん胸躍る体験だが、ぼくらは本来この家を出ていく気はなかったのだ！

こういうプロジェクトがスタートする以前、ぼくはいずれこの家に大規模なリフォームを施すつもりでいた。なんといってもこれはぼくらの最初の家だし、いつか田舎に引っ越すにせよ、当面はまだ何年もここに住みつづけるつもりだった。まさかこういう展開になるとは思ってもいなかった。だから、車で家に近づいて、玄関前の芝生や階段を目にしたとたん、たまらない気持になった。気がつくと赤ん坊みたいにすすり泣いていた。

とにかく、すべてが目のまわるようなスピードで動いていたから、ぼくもデレクも落ち着いて現在の気持ちを語り合う暇がなかった。何か目的を定めて突っ走るときの盲点は、それだと思う。目的に近づくのはいいのだが、気持ちをじっくりと整理するゆとりがない。ひたすら、せかされるように前に進む。〝次は何だっけ？〟、〝こんどはどれを片づける？〟、〝弁護士は彼でいいかな？〟、〝銀行との話し合いはどうする？〟すべてはビジネス優先。それに、こんどの計画を支える財政面でまだ楽観はできなかったから、本来の仕事の生産性も低下しないように努めていたし。ある程度健全な財政基盤を保って、財布がからっぽにならないように注意することも、この際、頭に留めておく必要があった。

いずれにしろ、すべてがとんでもないスピードで進んでいた。〝エスターの到着祝いパーティ〟にしたって、まだいまの家の後片づけが残っているうちに、農場で催されることになる。張り切ってプランを立てるのはいいのだが、それが結局自分の足かせになってしまうのはぼくの悪い癖だ。農場の鍵をもらったのは、いまの家の引き渡し予定日の一週間前だった。だから十分な時間的余裕があったはずなのに、気がつけば、毎日こまねずみのように動きまわっていた。

多忙をきわめたのは、やはり正式な引っ越しが目前にせまってからだった。一日中、友だちが大勢加勢してくれた。荷づくりを手伝ったり、ぼくらに代わってあれこれのお使いをしたり、パーティ用の品々をまとめたり、パーティそのものの立案を手伝ってくれたり。すべてが終わって友人たちが引き揚げると、がらんとした部屋に二人でとり残された。カーペットはくるくると巻かれ、ステレオは写真や絵と一緒に箱詰めにされ、すでに荷造りされた段ボールの箱がダイニングのカウンターやテーブルに無造作に置かれていた。壊れやすいものは新聞紙で包装されて、部屋のあちこちに散らばっていたし。

デレクと二人で夕食をすませ、ぼくのパソコンでアニメの『キング・オブ・ザ・ヒル』を見たりした。二人とも口数がすくなく、それぞれの物思いに沈んでいた。

ときどき、どちらかが思いだしたように口をひらく。あれはどっちが運転する？ とか、こまかい段取りに関する問いかけを、うわのそらで。いよいよこの家ともお別れだな、などと言いだしたら泣きだしてしまうだろうと、二人ともわかっていたのだ。思わず涙してしまうのは、車の中でついすすり泣いた、あのときだけではなかった。デレクだって、一人でいるとき、何度か泣いたにきまっている。ぼくらはどうして自分の弱さを隠そうとするのだろう。そういうときこそ二人の気持ちがぐっと近づくのに。たぶん、一日中荷造りをして疲れ果て、心の内をさらけだすようなエネルギーがもう涸れ果てていたのだ。

この家へのお別れの乾杯もしなかったし、ろうそくの明かりの下でのディナーも用意しなかった。丸めた新聞をつめた段ボールの箱の上で、あたためたスープを飲んだだけだった——これぞ超ロマンティックで奥ゆかしい夕食。その晩は早めに床についた。一つには肉体的に消耗していたせい、また一つにはエスターを農場に運ぶ準備で次の日からくたくたになるとわかっていたせいだった。

思えば、農場の鍵を手渡された後、ぼくらは足しげく農場に通って、エスターのためのフェンスをつくったり、歓迎パーティの準備をしたりした。どうして引っ越しのわずか数時間後にパーティをひらくことにしたのか、いまとなってはわからない（もちろん、ここまで読んでくださった方には察しがつくだろう。ときどき無造作にプランを立ててしまうぼくの悪癖を、もうご存知だろうから）。

その翌日も農場に足を運び、家に帰ってきたときは前の晩よりも悲しくて、すぐに寝てしまった。あと一晩でこの家ともお別れなのだが、もう疲れ果てていて、寝ること以外考えられなかったのである。

わが家ですごす最後の夜

そして、いよいよ引っ越しの前日がやってきた。残った荷物を残らず運びださなければならない。忙しさは最高潮に達して、目についたものを手当たりしだいに段ボールの箱につっこんだ。どれをどの箱に詰めるかなど、気にしていられなかった。運ぶ物はまだまだあった。衣類のいっぱい詰まった引き出し。クローゼットの残り物を詰めたゴミ袋。束にして縛ったハンガー。タッパーウェアや浴室の備品などを押し込んだ棚。あらゆるものを箱に詰めて、外に出した。段ボールの箱が次々に車に積み込まれている最中にも、荷造りはつづいた。目のまわるような慌ただしさだった。

やがてすべて片づいて、この家ですごす最後の夜になった。明日エスターをつれだしたら、もうこの家で夜を明かすこともない。なんだか不思議な感じだった。ソファをはじめ大きな家具はすべて運びだされていて、もう腰かける椅子もない。

でも、平気だった。エスターや二匹の犬と床にぺたっとすわると、家の中でキャンプをしているみたいだった。二匹の猫も揃っていたが、あの子たちはふだん通りの顔をしていた。猫という動物は、荷造りや引っ越しといった気疲れのする作業にはまったく影響されないのだ（段ボールの箱にはどう反応するか？　あの子たちは新しい箱を見ると、新車を買ってもらったように目を輝かせるのである。ああ、なんていい匂いなんだろう、新しい箱は、と思うのだろう）。猫という動物は日頃から好き勝手に生きている。食事さえ与えられ、きれいな砂箱を用意してもらい、ときどき頭を撫でてもらえばそれで満足。ときどきお尻の穴まで見せてくれたりする（人間にも似たタイプの連中はいるが、長い目で見て、そういうライフスタイルが似合うのは猫以外にない）。

公平に言えば、二匹の猫のうち、フィネガンは犬に似ている。撫でさすられるのが好きで、もう一匹のドロレスの半分もお高くとまっていない。それに対して、ドロレスは最初からプライドが高かった。でも、両方とも、夜になるとどこかに消えてしまい、なかなか帰ってこない点では同じだった（この二匹がどこに遊びにいくのか、ぼくらは一貫して〝見ざる、聞かざる〟の方針で通していた）。
ただ、この夜ばかりは二匹に遠出されると困るから、翌朝すんなり木箱に入れて運べるように、一室に閉じこめておいた。ドロレスがどんなにふくれっ面をしたか、ご想像にお任せする。ま、アルコールがご法度の結婚式披露宴に招かれたチャーリー・シーンといったところか。

この夜はほとんど眠れなかったのだが、理由は二つあった。まず、明日のことを考えただけで——あの農場ですごす最初の日だ——目が冴えてしまったこと。そして、もう一つ。ブタや牛を車で運ぶ際の〝ホラー・ストーリー〟をさんざん聞かされていたため、神経が苛立ってしまったこと。もう何度も、いや百度くらいは言ったかもしれないが、このときのエスターの体重はほとんど三百キロ、豊満すぎる女の子に育っていた。しかも、車での長旅は初めてときている。かなりのストレスとなって、さまざまな試練に直面するだろうと忠告されていた。万が一の場合に備えて、ぼくらは知り合いの獣医に同行を頼んでいた。農場に向かう途中、もしエスターが異様に興奮して暴れたりしたら鎮静剤の注射を打ってもらうためだが、できればそんなことはしたくなかった。農場でのパーティは、エスターの晴れのデビューの舞台だ。そこに、意識朦朧《もうろう》となったエスターを登場させたくはない。一九八〇年代のセックス・シンボル、ファラ・フォーセットが晩年にがんで闘病中、テレビのナイト・ショーでデヴィッド・レターマンのインタヴューに応じたことがあった。あのときのファラは――依然魅力的ではあったけれど――薬の影響だったのか、明らかに応答がしどろもどろだった。エスターをあんなふうに登場させたくはない。その場にはエスター・ファンが大勢集まっているはず。あの子には絶対に、いつものあの子らしく振る舞ってほしい。そんなことを考えていて、結局ぼくらは夜明けまで眠れなかったのだった。

第九章

エスター、楽園へゆく

引っ越しの当日、目が覚めると、わけもなく不安だった――やけに大きい心臓の鼓動がぼくを眠りから引っ張りだしたのかもしれない。目をひらいたとき、デレクはもう起きていて、どこかで走りまわっていた。最終的にベッドから降り立ったのは、七時半から八時頃にかけてだっただろう。最後に残った仕事を確かめにリビングにいってみると、デレクが地下室で動きまわっている気配がした。エスターはいつものようにベッドで眠っていた。不安がっている気配など、まったくない。すやすやと、軽くいびきまでかいていた。結局のところ、無知は喜びなのだ――ブタにとっても。いや、とりわけブタにとってはそうなのかもしれない。

お茶をわかしたり、メールをチェックしたり、朝の仕事をひととおりこなしても、さっぱり落ち着かない。引っ越し業者がやってきたら、また目がまわるほど忙しくなるのはわかっていたから、すこしはリラックスしなければと思った。でも、胸のドキドキはいっこうにおさまらない。その点はデレクも同じであることがわかった。それでデレクは地下に降りて、やたらと段ボールの箱を動かしたりして時間をつぶしていたのである。気分を落ち着かせるのは諦めて地下に降りていくと、おなじみの、あのひづめの音がすぐに聞こえた。われらが女王さまもお目覚めになって、朝食を催促しているのだ。考えてみると、荷造りその他、一連の引っ越し騒ぎにまったく動じないでいたのは、あの子だけだった。いまだって、まるで寝巻きを着たまま、あーあとあくびをし、のんびりとキッチンに向かいながら、〝なんといったって、あなた、朝食は一日でいちばん大切な食事なのよ〟と言っているみたいだった（正確を期すために記しておくと、この決して華奢《きゃしゃ》ではない女王さまにとっては、どの食事もみんな大切なのである）。

ぼくが上にもどると、あの子はもうキッチンにいて、朝食を待っていた。こちらがキッチンに入ったときには、冷蔵庫の前で待ちかまえており、鼻を鳴らして催促してくる。朝のスケジュールが、あの子の頭にはちゃんとインプットされているのだ。ぼくの役割は、あの子のひづめの音を聞いたら、さほど間をおかずに朝食を与えること。この段取りにすこしでも遅れが生じると、〝ねえ、早く〟とせっつかれることになる。

エスターが朝食をたいらげたところで、一緒に外に出た。お茶のカップを手に裏口のドアにもたれかかって、いつもの日課をこなすエスターを見守った。あの子がこの裏庭ですごす最後の朝。ぼくがこの裏庭であの子を見守る最後の朝。つい涙ぐんでいた。涙の源は二つあった。これでこの家ともお別れだという悲しみと、これからエスターは新しい世界でのびのびと暮らせるのだという喜び。最後にこうしてしばらく一人きりでいられると、気持ちも和んだ。一人の時間を最大限使って、この家ですごした特別な瞬間の数々の思い出に、心ゆくまでひたった。この先どんなに素晴らしい未来が待っていようとも、この家を忘れまい。だれとも話さず、メールのチェックも忘れて、ぼくは大きく二、三度深呼吸した。そして十分ほどたってから、最後の仕事に備えるべく家の中にもどった。

時刻は九時をまわっていた。地下室で静かに時間をつぶしていたデレクは、一階にもどって別人のように慌ただしく動きまわっている。その日持っていく一人のバッグの準備をし、メールをチェックし、獣医に電話して時間通りきてもらえるかを確認していた。応援の人たちがぼつぼつやってきた。ぼくらはトレーラーの到着を待ちながら、家の中の最後の点検にとりかかった。静かだった朝の雰囲気は一変し、あちこちで人々の呼び交わす声が交錯する。家の中は急に騒々しい、殺伐とした雰囲気に包まれた。だれもが興奮して、この新しい旅立ちを喜んでくれている。ぼくらはとにかく、この瞬間を楽しもうと思っていた。

が、これだけ大勢の人に囲まれてしまうと、それどころではない。それからの時間、ぼくらはみんなが次々に投げかける質問に答えるだけで精一杯だった。だれもが役に立とうとしていて、ひっきりなしに質問が飛んできた。「これ、外に出していいのかしら?」、「出発は何分後?」、「車列の先頭は、ぼくでいいですか?」みんなの熱意はありがたかったけれど、そこにきての心配は別のこと、エスターとペットたちをいかに安全に移動させるか、だった。そこまでくると、ぼくらの懸念はその一点に絞られた。

楽園へのドライブ

家の中の喧騒が頂点に達した頃、トレーラーが到着した。ぼくはだれにも声をかけずに、こっそりと裏口から外に出た。エスターがまだそこにいたので、一緒に裏庭のフェンスに近寄った。

「ほら、エスター」エスターのそばに膝をついて、背中を撫でながらトレーラーを指さした。「もうすこししたら、玄関の外に出て、あれに乗り込むんだ」

トレーラーのほうを見て二、三度まばたきしてから、エスターはまたぼくを見あげた。

「あれに乗っても、ずっと一緒にいてあげるからな」話しかける声がかすれてきた。「これからみんなで、農場にいくんだ。大きくて、それはきれいな魔法のような農場に」

あの子がわかってくれたかどうか。でも、表情に富むあの子の目には、何かが浮かんだような気がした。

「おまえを本当に愛しているからな、おれたち」

ブタに話しかけながら、つい涙していた――はたから見たら、馬鹿じゃないかと思われただろう。でも、ぼくは本気で、真剣に、いまの状況と今後の予定を説明していた。ひょっとして、あの子がわかってくれているかもしれないので。

その日何度も経験したことなのだが、ぼくは最初から最後まで、参加者というより一人の観察者のような気がしていた。そして、観察者としても、まるで一編の映画を見ているように、周囲の状況から遊離しているような感じだった。といっても、霊体遊離体験のような、だいそれたものではない。自分はたしかにそこにいるのに、まるで上空からその自分を見下ろしているような、もわっとした、とてもシュールな感じ。みんなが話しているのはわかるのだが、ぼくにはそれが聞こえたり聞こえなかったりする。自分一人の物思いに気をとられ、思考速度が時速一キロからしだいに早まってきたとき、エスターをトレーラーに乗せる時がやってきた。

　農場までは五台の車で車列を組んでいくことになった。ぼくら以外の主な参加者はぼくの母と義父。妹。それに優秀な女性カメラマン、ジョアン・マッカーサー——彼女にはこの引っ越しのドキュメンタリーを撮ってもらう予定だった。二匹の猫は木箱に入れて、九時半までには車にのっていた。二匹の犬も車にのせ終わり、いよいよぼくらのビッグ・ギャルをのせる番になった。

　果たしてうまくいくかどうか。まずあの子の神経を鎮めるため、しばらく庭で遊ばせることにした。家の中では依然ドアを開け閉めする音が響いていたし、人の出入りもつづいていた。エスターのやつ、庭を掘り返せばいいのに、と思った。ここでの最後の機会なのだから、好きなことをさせてやりたかった。

　タイミングを見て、あの子をトレーラーのそばにつれてゆく。これはまったく意外だったのだが、結果的には五分とかからずにエスターをトレーラーにのせることができたのである。最初にぼくとデレクがのりこんで、エスターの好物の穀物を見せつけ、リンゴを一個与えた。すると……あの子は何のためらいもなく渡し板をのぼってきたのだ！　気になる警告を山ほど聞かされていたから、これには本当にびっくりした。あっけないほどすんなりと乗り込んでくれて、ほっと胸を撫で下ろした。

　運送会社には、農場に向かう際ぼくらもエスターと一緒にトレーラーに乗り込むから、と伝えてあった。厳密に言えば、家畜の運送車両に人間が同乗するのは違法なのだが、どうしてもだめというなら別の運送会社に頼むから、とぼくらはねじこんだ。それで会社側は、トレーラーの荷台の中に高さ一メートル三十センチ四方の柵で囲った退避ゾーンを作っておいてくれた(もちろん、エスターが意図的にぼくらを襲ったりしたことなど一度もない。ただ、あの子がパニックに襲われた場合は何が起こるかわからないから、というのが会社側の説明だった)。

いよいよトレーラー後部の扉が閉められようとするとき、友人たちの一人が訊いた。「どうだい、いまのご感想は?」

「うん、何と言ったらいいか……」そこまで言いかけて、デレクは嗚咽しはじめた。ぼくは身を寄せてデレクの肩を抱き、二人で一緒に笑いだした(そういうピンチを切り抜ける際の常で、ぼくは口をもぐもぐさせているデレクをからかってやろうとしたのだが、扉が閉められてしまった)。トレーラーは一路農場を目指して走りだした……。

ぼくら以外に荷台に積まれていたのは、干し草とエスターのベッド代わりのマットレス、それに毛布だけだった。もちろん、エスターには道中リラックスしてほしかったのだが、最初から最後まで、あの子はマットレスの上に立ちつづけた。ときどきフゴッと鳴いては周囲を見まわし、二、三歩あるきまわったりしていたものの、マットレスから離れることは一度もなかった。ぼくも、あの子をなんとか力づけてやりたくて、最後まで立ちんぼうでいた。

ぼくとデレクとエスター、水入らずの四十分間。二人の男がトレーラーの荷台ですごすには長すぎる時間だった。でも、そこに体重三百キロのブタが、それも、そのサイズになるまで一度もロング・ドライヴをしたことのないブタが加わったのだから、スリリングな体験ではあった。

デレクは緊張し切った顔をしていた。プレッシャーのかわし方という点では、ぼくのほうがデレクより上だ（本当にそうなんだ。そんな目でぼくを見ないでほしい）。

「大丈夫かい？」ぼくは訊いた。

デレクは黙ってうなずく。

「ここまできたんだから、もうこっちのもんさ」ぼくは言った。「たしかに緊張するけど、これから第二の人生がはじまるんだから。きっと素晴らしい世界がひらけるよ。動物たちをたくさん助けようじゃないか」

「おれたち、とんでもないことをしてるんだよな。本当にやってのけたのかな、おれたち？」

「もちろんさ！」

そう、本当にやってのけたのだ――でも、どうなのかな、と自信がグラついても、ガタガタ揺れるトレーラーの荷台が、これは夢ではないことを知らせてくれた。荷台の前部には小さな穴があいていて、そこから外を覗くことも可能だった。いまどの辺を走っているのかわからず、しょっちゅうその穴から外を覗いては見当をつけていた。が、はずれることのほうが多かった。

ドライヴ中のエスターの行儀良さときたら、特筆ものだった。ところが、もうすこしで到着というとき、あの子はくるっとこちらにお尻を向けてしゃがみ込み、盛大におしっこをしてくれた。全行程の九十九パーセントは淑女のように振る舞っていたのに、あと三十秒で到着というときに、辛抱し切れなくなってしまったのだ。しかし、怒る気にはなれなかった。ぼくだって、ある日突然、行く先不明のドライヴにつれだされたら、そのときの生理的条件次第で、辛抱できたかどうか疑わしいし。

視界は限られていたが、農場の私道に近づいたときはそれとわかった。舗装道路から砂利道に入ったことが、はっきり感じられたからだ。おしっこをすませてすっきりしただろうから、エスターにもわかったにちがいない。トレーラーはスピードを落として、私道に入った。ヒマラヤスギが背後に飛びすさり、橋を渡っていることが振動でわかった。とうとう着いたのだ。立木の前を通りすぎて母屋や畜舎の並ぶ平地に入ると――これは想像ではなく、事実なのだが――周囲がぱっと明るくなった。角を曲がって農場に入る。母屋の前に大勢の人が並んでいるのが見えた。この気持ちはとても言葉では表せない。ぼくらはとうとう夢の農場に到着したのだ。

そこには年齢も容姿も異なる大勢の人たちが集まっていた。にぎやかに談笑する声も聞こえたが、エスターが驚くといけないから静かにしよう、と呼びかける声もあった。それは前もってぼくらが頼んでおいたことでもあった。急にたくさんの人に取り囲まれると、エスターが怯えてしまう可能性もあったからである。トレーラーは母屋の前を通りすぎて、柵で囲ったばかりの草地に入った。とうとうエスターを本物の草原、地面をほじくり返すのも、駆けまわるのも思いのままの大自然に解き放ってやるときがきた。胸が高鳴った。

エスター農場は永遠に

トレーラーの後部ドアがひらくと、エスターは最初、どうしていいかわからないように、ぼんやりと立っていた。そこへ、先着していたシェルビーが走り寄ってきた——ぼくらが到着したと知って興奮し、尻尾を盛大に振りまわしながら。それを見たエスターは、すぐに渡し板をドシドシと駆け下りた。みんなが喜んだことといったらなかった。あんなシナリオは、書こうと思ったって書けるものではない。

最初に付近を歩きまわらせてから、草原の全域を見てまわる散歩にエスターをつれだした。母屋に隣り合っている草原の端から端まで、みんなで歩いていった。エスターは周囲の眺めが気に入った様子だった。見物客たちはすこし離れたところから、エスターをつれてまわるぼくらを眺めている——ぼくらはぼくらで、新しい環境に馴染もうとしているエスターを眺めていた。二匹の犬の後から草原を探索してまわるあの子を見ていると、こっちまで元気になってきた。いつかエスターと二匹の犬を広大な自然につれだして、存分に歩きまわらせたい——ぼくらの長年の夢。それがいままさに、目の前で実現している。喜悦の声をときどき発しながら、楽しそうに歩きまわっているエスター。最高の眺めだった。草原は手つかずの自然のままで、腰までの高さの草は夜明け来の雨で濡れていた。ぼくらもみんな濡れてしまったが、気にかける者などいなかった。途中何度か駆けだしたりしながら一時間たっぷり歩きまわって、エスターは新しい世界の探索を終えた。

母屋にもどると、いよいよエスターの到着歓迎パーティである。来客のみなさんに感謝の挨拶をする時がきた。彼らの多くは〈インディゴーゴー〉キャンペーンで募金に応じてくれた支援者たちだ。その朝エスターをトレーラーにのせたとき、ぼくらはたっぷり泣いていたから、涙も涸《か》れていただろうと思われるかもしれない（実際はどうだったか、みなさんにはもうおわかりだろうと思うけれど）。農場まで足を運んでくれたすべての支援者たちに向かって、デレクは感謝の言葉を述べはじめた。が、途中までいかないうちから、もう泣きだしていた。

ただ、あのときの状況を考えれば、農場に到着後のぼくらは比較的冷静だったと思う——来客たちの前でそれほど感情を露わにすることはなかった。あまりにも環境が激変したので、頭がぼうっとしてもいたし。ただ、とうとうエスターを楽園につれてきて、あの子にはもう何の心配もないのだと思うと、興奮と同時に安堵も覚えていたのはたしかだった。

もちろん、あのバーストウ通りの家で暮らしていたときのエスターだって、いつも安全ではあった。でも、ここでは掛け値なしの安全が保証されているのだ。もう法律違反の場所で暮らすわけではなく、人目を避ける必要もない。もし見つかったらどうしよう、あの子を手離すことになったらどうしようと、悩む必要はない。ここはまぎれもなくあの子の家であり、ここであの子は自由に、幸せに、誇らしく歩きまわることができる。なんという安心感だろう。なんだか巨大な重石が肩からとり除かれたような気がした。エスター自身、そう感じていないとしても――そもそもあの子は、自分が食品製造工場からの逃亡者も同然だということを知らないのだ――ここにきて初めて本物の〝自由〟を獲得したことを直感的に覚っているように見えた。何度も言ったとおり、ブタという動物はとても頭がいい。そしてエスターはとびきり頭のいいブタなのである（と、ぼくは思っている）。

そのときを境にぼくらの不安は完全に払拭されてしまった、と言っても、だれも信じてはくれまい。それも道理で、ぼくはそんなに楽天的な性格ではない。すごいことをやりとげたのだと思うと、それがまた頭に重くのしかかってきて、新たな不安が湧いてきた。〝自由っていいな〟のパーティが終わり、来客たちがみんな帰った後、デレクは引っ越しの後片づけをするためにジョージタウンにもどった。農場にはぼくとエスターや他のペットたちだけが残った。しばらくすると、みんなようやく新居に慣れて、落ち着いてきた。その晩デレクがもどってくると、ワインで軽く乾杯してから、二匹の犬だけをお供に短い散歩に出た。エスターは早くもリビングのマットレスで眠っていた。ぼくらはゆっくりと深呼吸をし、周囲を見まわして、初めて手に入れた環境の素晴らしさにあらためて見惚れた。

人生の一つの章が終わり、まったく異なる新たな章がはじまる。それはまた同時に、動物たちの避難所がスタートラインについたことをも意味する。これから始まる旅路の先に何が待っているか、だれも知らない。ぼくらにとってまったく未知の領域。どうしたらこの旅を実りあるものにできるだろう？

ここまでの道のりは、むしろ平易なものだったのだということに、ぼくらは気づきはじめていた。そしてここから、いよいよ未体験の人生がはじまる。ぼくらはこれまで驚きずくめの素晴らしい体験を重ねてきた。それはすべて、世間の人からはスーパーの領収書のバーコード程度にしか思われていない、ある動物のおかげだった。ちいさな一匹のブタを――それがいずれとんでもない巨体に変身しようとは夢にも思わず――飼ってみようと思い立ったこと。それがぼくらの人生をここまで様変わりさせようとは、だれが想像できただろう。ぼくらだけではない、他の多くの人たちの人生もまた、その過程で様変わりしたのだ。

〝エスター農場は永遠に〟の夢はこうして実現した。ぼくらはエスターを養女にし、そのエスターから学んだ〝優しさは伝染する〟というモットーが、ぼくらの人生を変えたのである。一匹のブタとその愛くるしい笑み。その虜になったとき、すべてがはじまったのだった――。

エピローグ――優しい心は魔法を生む

たいていの人にとって、こういう引っ越しを終えたらば、そこでもう、やれやれというところだろう。が、ぼくらにとっては、まだ単なるスタートラインに立ったにすぎなかった。農場の取得はエスターの新たな使命のはじまりでしかなかったのだから。あの子がぼくらの人生を変えたのは、疑いようがない。ぼくらはあの子から、どういう人間であるべきかを教わった。無条件の愛とは何なのかも教わったし、無邪気な笑みがどんな力を発揮できるのかも教わった。

すべては、恵まれない人々の福祉向上に尽力しているポール・ファーマー医師の言葉に言い尽くされていると思う――〝不幸な人がいても仕方がないという考えが、諸悪の根源である〟。ぼくらはエスターのおかげで、その言葉の真意を理解できた。

だから、こんどはぼくらが世界をすこしでも変えて、まだまだ苦しんでいる〝エスターたち〟を救う番なのだ。

引っ越しが完全に終了すると、それから数日間、どうにか二人きりになれた。それでようやく平穏でロマンティックな時間を持つことができたと言えればいいのだが、正直なところ、静寂にひたるのはぼくらの柄ではない。二人並んで、テレビのくだらない番組をのんびり見ながらスマホに熱中する――それがぼくらに似合いのロマンティックな時間だった。

その一方で、〝見ろよ、これがぼくらの農場なんだ！〟と言い交わす魔法のような瞬間は、たしかに――何度も――訪れた。エスターをつれて農場を歩きまわりながら、ここ数か月に起きた信じられないような出来事を思いだすときなど、特にそうだった。かつてのぼくらは折りに触れて、未来はどんな顔をしているのだろうと夢想にふけったものだ。

その未来が、いま、ここにある。引っ越しがすんでからの二人の話題は、すぐにこうなった――〝次はどうしよう？　ここまできたからには、次は何をしようか？〟

毎日二人で顔を見合わせては、身も知らぬ人たちの信じられないほどの優しさについて語り合い、奇跡を信じる心を確かめ合った。ぼくらがエスターを見つけたのではない。エスターがぼくらを見つけてくれたのだ。それが、いわばぼくらの天職の発見につながったのである。

人はみな、自分はいま最善のことをしていると思いたがるものだ。でも、それは何を意味するのだろう？　それに、〝最善のことをしている〟自分とは、何者だろう？　ときには一歩退いて、この世界に貢献できることはもっと他にあるかもしれない、と考え直すことも必要だと思う。エスターはその最適の例である。良かれと思ったことを一生かけてやったからといって、それが正しかったとは限らない。エスターとの暮らしは、ぼくらの目をひらいてくれた。それ以来、エスターから学んだことをこの世に示し、人間はもっと優しく、もっと偏見から自由になれるのだ、ということを世に示すのがぼくらの使命になった。たとえそんなことは不可能だと言われても——いや、そう言われればなおさらのこと——自分を信じ、全力で当たれば、途方もないことを成しとげられる。ぼくらの物語がその生きた証拠であってくれればいいと思う。

事を進めるすべての段階で、ぼくらは自分たちの能力を疑った。自信を失ってはまた立ち直る——それの連続だったが、なんとかやりとげた。百万年たったってできやしない、と思った多くのことを、ぼくとデレクはなんとかやりとげた。〝エスター印〟の食生活なんかとてもつづけられないと思ったのに、つづけられた。体重三百キロのブタを家の中で育てることなどとても不可能と思ったのに、育てられた。世界中の何万人という人たちに訴えて動物の避難所創設を手伝ってもらうことなどとてもできないと思ったのに、手伝ってもらえた。優しい心は魔法を生む。そしてエスターは、微笑がこの世を変えることができる何よりの証拠なのである。

夢の農場移住から九か月たったいま、日毎の暮らしは一変している。何よりもまず、夜になると周囲は真の暗闇に包まれる。ぼくは昔から暗闇が苦手な人間だから、車で帰ってきたときは、母屋まで百メートル・ダッシュのウサイン・ボルトみたいに全力で突っ走る。自分がこんなに速く走れるとは思わなかった。

子ブタの後産《あとざん》をこの手にとる日がこようなどとも思っていなかった。それも、よりによって四月一日、エイプリル・フールの日に。いや、エスターが妊娠したわけではなくて。あの子は身持ちのいいレディだから。実は、一頭の雌ブタを救ったところが、彼女が妊娠していて、五匹の可愛い子ブタを産んだのである。エイプリル・フールに産んだところなど、なんともユーモアのセンスに恵まれたブタだと思うのだが。

というわけで、この農場にはいま五匹の愛くるしい子ブタがいる。きっと、母親（ぼくらはエイプリルと名づけた）と共に元気に育ってくれるだろう。わずか一年ちょっと前には、こんなことは手の届かない夢だった。実際、とても信じられない。いまでも毎日感嘆しながら周囲を見まわしては、ほっぺたをつねっている。

この文章を書いているいま、ぼくらの農場では、もとからいた五匹のペットに加えて三十三匹の動物たちが何の不安もなく暮らしている。その顔ぶれはこうだ――ウサギ六匹、ヤギ六匹、ヒツジ二匹、ブタ十匹（エスターを入れないで）、ウマ一頭、ロバ一頭、ウシ三頭、ニワトリ三羽、それにクジャク一羽。そして毎日のように、新たな動物を受け容れてほしいという要請を受けている。この本をみなさんに読んでいただく頃、この数字はもっと増えているはずだ。そしてぼくらは、さらに多くの動物たちをこの農場に迎えたいと願っている。そこでみんなはいつまでも、〝エスターのように幸せに〟暮らしていくことだろう。

感謝の言葉

次の方々に深い感謝をささげたい。

ぼくら双方の両親と兄弟姉妹たちに。
奇想天外に見えたにちがいないぼくらの夢を、一貫して支えてくれたあなた方の愛。それがあったからこそ、ぼくらはいま、ここにこうして生きている。

ぼくらの素晴らしい友人たちに。
ぼくらがどんなに突飛なことをしようと、変わらずに支え、理解してくれたきみたち。ぼくらの冒険は、きみたちの存在を抜きにしては成り立たなかっただろう。

デヴィッド・カーカム博士とチェルトナム獣医センターのスタッフの方々に。
どんなにご多忙だろうと、どんなに常識はずれの時刻だろうと、あなた方はぼくらの

ＳＯＳコールに応じて、数々の突拍子もない疑問に答えてくださった。

キャプリス・クレインに。

ぼくらの思いつきや体験を、生涯忘れられない宝物に変えてくださったあなた。その忍耐、ユーモアのセンス、友情に対するぼくらの感謝の思いは、とてもこのページには書き切れない。

ぼくらのエージェント、エリカ・シルヴァーマンに。

本を書くという、不可思議で、ときに圧倒されそうになる世界。この未知の世界を航海するにあたって、あなたの存在がどんなに大きかったことか。この驚くべき冒険のガイド役として、この営みを価値あるものにしてくださったあなたにめぐりあえたことは、本当に幸いだった。

ぼくらの編集者、ローレン・プルードとリビー・バートンに。

ぼくらの体験は語るべき価値があると信じて、ぼくらの語りたいように語らせてくれた、その叡智は忘れられない。

そして、この信じがたい旅の途中で出会った数多くの方々に。

ぼくらの目指していることについ疑問をいだき不安にさいなまれたとき、あなた方の明かしてくれた体験に、どんなに励まされ、新たな意欲をかきたてられたことか。

あなた方の一人でも欠けていたら、この本は誕生しなかっただろう。

エスター印の料理レシピ

エスターのパパたちが、
いつも楽しく味わっている料理レシピをご紹介します。

recipe 01

ブラックビーン・タコス、自家製カシューサワークリーム添え

〇タコスの材料

ブラックビーン（水切りしてすすいだもの）................1缶（約400ml）

サルサソース..2カップ

やわらかいトルティーヤ（トウモロコシ粉、または小麦粉のもの）... 8枚

アボガド..2個を小さい角切りに

トマト..2個をざく切りに

ライム...1個を8枚にスライスする

コリアンダー...ざく切りしたものをひと握り

◇作り方

鍋にブラックビーンとサルサソース½カップを入れ、中弱火で温めて、火から下ろす。トルティーヤを包装紙の指示に従って温める。温かいトルティーヤ、一枚ずつに、温かいブラックビーン、アボカド、サルサソース、トマトをそれぞれスプーン山盛りにして入れる。てっぺんに新鮮なライムのしぼり汁をふりかけてから、ヘルシーなカシュー・サワークリームをひとすくいとコリアンダーを添えて、できあがり。

〇カシュー・サワークリームの材料

カシューナッツ...1カップ

水（カシューナッツを浸した水ではない）...........................½カップ

レモンのしぼり汁...½個分

アップルサイダー・ヴィネガー..小さじ½

◇作り方

カシューナッツをボウルに入れ、ひたひたの水に浸して4時間おく（もし強力なブレンダーがあれば、浸す必要はない）。カシューナッツの水を切ってすすぎ、ブレンダーの中にほかの材料と共に入れる。なめらかになるまでよく混ぜ合わせる。

recipe 02

カシュー・ディル・ムース

○材料

生のカシューナッツ……1カップ
ニュートリショナル・イースト……¼カップ
海塩……小さじ1
オニオン・パウダー……小さじ1
水……1カップ
寒天……小さじ1
新鮮なディル……刻んだものを¼カップ

◇作り方

マフィンの型6個の内側に、植物性油（サンフラワー油かサフラワー油）をうすく塗っておく。

ブレンダー、またはフードプロセッサーにカシューナッツ、ニュートリショナル・イースト、海塩、オニオン・パウダーを入れて、カシュー・ベースがほどよくなめらかになるまで撹拌する。

小鍋で水を温めて沸騰させ、寒天を入れる。泡立て器でかき混ぜ、火をとろ火にして、そのまま5分間かき混ぜつづける。

カシューナッツの混ぜ物をその小鍋の中に入れ、泡立て器でよく混ぜ合わせる。それからディルを加えて、何度かかきまわす。

かき混ぜたものを、スプーンでマフィンの型6個に入れ、冷蔵庫に入れる。蓋をしないで冷蔵庫で30分寝かせてから、皿の上にマフィン型を逆さにして中身を出し、あとはお楽しみあれ！

＊ちょっとしたコツ

ディルとオニオン・パウダーの代わりに、お好みの香りやスパイスを加えてみてください。たとえば、市販されているタコス・ミックスなど。また、冷蔵庫で冷やす代わりに、ナッチョ・ディップとして温めて出すのもよいでしょう（これはお気に入りの方法です）。

recipe 03

風味豊かな
ホリディ・スタッフィング（詰め物）

◯材料

ヴィーガン・バター、または植物油……………………………………大さじ3
玉ねぎ………………………………………………………………1個をざく切りに
ピーマン……………………………………………………………1個をざく切りに
マッシュルーム…………………………………………………10個をスライスする
セロリ…………………………………………………………4本をみじん切りに
にんにく……………………………………………………2かけをみじん切りに
ライ麦、またはグルテンを含まないパン
　……………………………………………½斤をトーストし、小さい角切りに
野菜のだし汁……………………………………………………………1カップ
たまり醤油………………………………………………………………大さじ3
ポールトリー・シーズニング……………………………………………小さじ1½
風味づけのコショウ

◇作り方

大きなフライパンを中火強で温め、ざく切りにした玉ねぎをヴィーガン・バター、または植物油で玉ねぎが透きとおるまで炒める。それからピーマン、マッシュルーム、セロリ、にんにくを加えて混ぜる。3～4分炒めてから、角切りにしたパン、野菜のだし汁、たまり醤油、ポールトリー・シーズニング、コショウを加える。パンがすべての汁気を吸収するまで炒めつづける。火から下ろし、食卓に出すまで汁気が飛ばないようにアルミホイルをかぶせておく。

recipe 04

トマトとレンズ豆のカレースープ

○材料

野菜のだし汁 ………… 4カップ
水 ………… 2カップ
玉ねぎ ………… 1個をざく切りに
にんにく ………… 2かけをみじん切りに
冬かぼちゃ＊ ………… 1個を皮と種を除いて、角切りに
トマト・ペースト ………… 1缶（156ml）
さつまいも ………… 1本を角切りに
にんじん ………… 3本をざく切りに
赤いレンズ豆 ………… ½カップ
カレー粉 ………… 大さじ1
（スパイシーなのがお好みなら、もうすこし加える）

◇作り方

スープ鍋に野菜のだし汁、または水を¼カップ注いで、みじん切りした玉ねぎとにんにくを加え、約5分間温める。残りの材料をすべて入れ、蓋を閉めたら、沸騰させる。火を弱めて、30分間煮詰める。

＊冬かぼちゃはキンポウゲ、バターナット・スクアッシュ、ドングリでもかまわない。お好みで！

recipe 05

スモークド TLT（豆腐・レタス・トマト）ラップ

○材料（1ラップ分）

ブラッグ・リキッド・アミノ（Bragg liquid amino）等の醤油...... 大さじ½
スモークした豆腐＊ ....¼パック、薄くスライスする
卵を使用してないマヨネーズ 大さじ1
（例えば、Vegenaiseブランドのマヨネーズや、Just Mayo）
風味づけのコショウ
トルティーヤ（小麦粉、またはグルテンなしのもの）....................... 1個
レタス .... ひと握り分
トマト .... ½個、スライスする

◇作り方

平たい鍋で、スライスしたスモーク豆腐をBraggブランドの醤油、または普通の醤油でほんの数分、中火で炒める。そうすると、豆腐から驚くほどいい香りが漂ってくる。トルティーヤの半分程度に卵を使用していないマヨネーズを塗り（お好みでコショウも）、そこにレタス、トマト、スライスした豆腐を加え、ブリトーのように巻き上げる。

＊スモークした豆腐は、ヘルシーフードの店や食料雑貨店などにある。普通の堅い豆腐でも代用できる

recipe 06

バニラ・カシューミルク

○材料

生のカシューナッツ……1カップ
水……4カップ
種抜きのナツメヤシ……3個
バニラエッセンス……小さじ1

◇作り方

カシューナッツをボウルに入れ、ひたひたの水に浸して冷蔵庫にひと晩（または、すくなくとも4時間）入れておく。ブレンダーにすべての材料を入れ、1分、または、なめらかになるまで混ぜ合わせる。ミルクのような滋養のある飲み物が、4½カップできあがる。１週間以内に使い切ること。

recipe 07

ナッティ・チョコレート・アイスクリーム・バー

○アイスクリームの材料

全脂ココナッツミルク……約400ml（1缶）

メープルシロップ……大さじ4

バニラエッセンス……小さじ1

○チョコレート・コーティングの材料

メープルシロップ……大さじ2½

ココナッツオイル……大さじ2½

ココア、または生のカカオ……大さじ2½

細かく刻んだアーモンド、またはペカン……¼カップ

海塩……ひとつまみ

◇作り方

ココナッツミルクの缶をひと晩、またはすくなくとも3時間冷蔵庫に入れて、缶の中のクリームが缶の上部に上がってくるようにしておく。一度凍らせてから、ココナッツミルクの缶をあけ、上部にある固まったクリームを取り出す（クリームを取り出した後に残ったココナッツ水は、次回スムージーに使えます）。

ブレンダー、またはフード・プロセッサーに、ココナッツクリームとメープルシロップ、バニラエッセンスを入れ、なめらかになるまで混ぜ合わせる。アイスキャンディの型4個に混ぜ合わせたアイスクリームの素を流し入れ、小さなキャンディの棒を挿して、固まるまで（すくなくとも2時間）、凍らせる。

アイスクリームを凍らせている間に、小さな鍋にメープルシロップ、ココナッツオイル、ココア、ナッツ（アーモンド）、海塩を入れて、中火にかけながら、ココナッツオイルが溶けて材料がすべてよく混ざるまでかきまわす。鍋を火から下ろし、約20分間冷ます。

キャンディの型からアイスクリーム・バーを抜き取り、ケーキのアイシングをするように、ナイフでチョコレートをバーの表面に塗る。クッキングシートを敷いた皿かトレイの上にバーを並べ、冷凍庫に20分間（チョコレートが固くなるまで）入れる。試しに一つ、召し上がってみて。小さなアイスクリーム・バー、4本のできあがり。

recipe 08

ホームメイド・チョコレート・タートル

○材料

種抜きの柔らかい新鮮なナツメヤシ……12個

（たとえば、マジュール・デーツなど）

バニラエッセンス……大さじ1

ペカンの実……1カップ

乳脂肪なしのチョコレート……¾カップ

（セミ・スウィート・チョコレート・チップか、ダークチョコレート・バー、2，3本だとうまくいく）

◇作り方

ボウルにナツメヤシとバニラエッセンスを入れ、手でかき混ぜる。バニラエッセンスの香りが混ざってくる頃には、ナツメヤシが柔らかくなってくる。大きなビー玉くらいの小さなボールを30個作り、すこし平らにする。これがカラメル状の中央部になる。

ペカンの実2個を縦に切り、４本の脚を作る。それぞれの片方の端をカラメルに突き刺す。ペカンの小さな破片は亀の頭に使う。

チョコレートを二重鍋か、小さなポットで弱火で注意深く溶かし、焦がさないようにかきまわしつづける。溶けたら、いったん火から下ろす。亀のお腹の部分に溶けたチョコレートを小さく垂らしていく。そうするとペカンの脚や頭がしっかり固定する。それから、亀のお腹をクッキングシートの上に載せる。亀の甲をカバーするようにチョコレートをきれいに垂らしていく。チョコレートがすべてのったら、冷蔵庫で固まらせる。30個できあがり。

recipe 09

チョコレート・ピーナッツバターパイ

○材料

ナチュラル・ピーナッツバター……………………½カップ
市販のグラハムクラッカー・パイクラスト……………1個
乳脂肪を含まないチョコレートチップ…………1カップ〈溶かしておく〉
遺伝子組み換えではない木綿、または絹ごし豆腐…………500～600ｇ
砂糖……………………½カップ
海塩……………………小さじ¼
バニラエッセンス……………………小さじ1

◇作り方

オーブンを170℃～180℃に温めておく。

グラハムクラッカー・パイクラストの底の部分に、ピーナッツバターをスプーンで丁寧に伸ばしておく。

小鍋でチョコレートチップを弱火で溶かす。ブレンダーの中に、溶けたチョコレートチップ、水切りした豆腐、砂糖、海塩、バニラエッセンスを入れ、なめらかになるまで混ぜ合わせる。それをパイクラストの中に流し込み、オーブンで40分焼く。あら熱がとれたら、冷蔵庫で冷やして、テーブルに並べる。凍らせてもよい。

recipe 10

チェリー・チーズケーキ

○材料

木綿、または絹ごし豆腐……300g

Tofuttiブランドのクリームチーズ「Better Than Cream Cheese」……227gの容器のもの

砂糖……¾カップ

レモン汁……½個分

バニラエッセンス……小さじ1

市販のグラハムクラッカー・クラスト……1個

（たとえば、Keebler ブランドのクラストグラハム・パイクラスト）

パイの詰め物用チェリー……1缶（540ml）

◇作り方

オーブンを170℃～180℃に温めておく。

ブレンダーに豆腐、Tofuttiブランド のクリームチーズ、砂糖、レモンのしぼり汁、バニラエッセンスを入れ、なめらかになるまで混ぜ合わせる。それを、市販のグラハムクラッカー・クラストのなかに流し込む。オーブンで40～45分、焼く。オーブンから出したらすこし冷まし、それから冷蔵庫に入れて冷やす。あとはチェリーパイの詰め物を上に敷きつめれば、できあがり。

recipe 11

ココナッツ・タヒニ・チョコレートチップ・クッキー

◯材料（12個分）

チアシード、またはフラックスシードで作った卵……1個

（チアシードの卵の作り方は下記の作り方を参照）

水（最後に混ぜ合わせる分も含めて）……大さじ4〜5

オーツ麦粉……1⅓カップ

（オーツ麦のフレークをブレンダー、またはフード・プロセッサー、コーヒーミルなどで細かく砕けば簡単にできる）

ベーキング・ソーダ……小さじ½

海塩……小さじ½

タヒニ（濃い練りごま）……½カップ

バニラエッセンス……小さじ½

砂糖……½カップ

（なるべく加工されていないもの、ブラウン・シュガーのような精製されていない無漂白のブラウン・シュガー、あるいは、スカネット・シュガーを探す）

乳脂肪を含まないチョコレートチップ……½カップ

乾煎りしたココナッツ（油をひかないフライパンかトースターで焼く）……½カップ

◇作り方

オーブンを170℃〜180℃に温めておく。

チアシードで卵を作る。ボウルにすり潰したチアシード、またはフラックスシード大さじ1と、水を大さじ3入れて混ぜ合わせる。混ぜたものを10分間寝かせておくと、ゼラチン状に固まってくる。

粉物の材料（小麦粉、ベーキング・ソーダ、海塩）を大きめのボウルに入れて、混ぜ合わす。

別のボウルに、湿った材料（タヒニ、バニラエッセンス、砂糖）を入れて、よく混ぜ合わせる。

最後に湿った材料と、チアシード（またはフラックスシード）の卵を、乾いた材料のボウルに入れ、よくかき混ぜる（手で混ぜ合わせた方が早いかもしれない）。

チョコレートチップと乾煎りしたココナッツを加え、よく混ぜ合わせる。もしパサついた感じであれば、水を大さじ1〜2杯加えると、クッキーの生地が練れてくる。

クッキー生地を大さじ2杯くらいの大きさにとりわけていき、ボール状にしてから、クッキングシートを敷いたトレイの上で平たく押してクッキーの形にする。

オーブンで12〜14分間、こんがり焼けたらできあがり。

訳者あとがき

優しさは伝染する。
いま、一匹のブタの無垢な〝笑顔〟が、国境を越えて感動と共感の輪を広げている。すべての発端は、この本の著者の一人、スティーヴ・ジェンキンズ宛に、ある日フェイスブック経由で、昔のガールフレンドから送られてきた一通のメッセージだった。

あたし、いまミニ・ブタを飼ってるんだけど……
このミニ・ブタ、飼い切れなくなっちゃったんだ。

無類の動物好きを自任するスティーヴは、この一言で舞いあがってしまった。ミニ・ブタをペットにする――なんてクールなんだ！　そのメッセージの真意を疑いもせず、暮らしのパートナー、デレクに相談もせずに、スティーヴはその〝ミニ・ブタ〟を引きとってしまう。が、〝ミニ〟であるはずのブタは、日ごとに、着実に、ぐんぐん、ぐんぐん巨大化していって……。

二人に襲いかかる、とんでもないハプニングの大暴風。犬や猫ではなく、体重が最大三百五十キロにも達するブタをペットにすると、いったいどういう暮らしが展開されるのか。エスターと名づけられたこの豚が引き起こす、驚愕と困惑と至福に満ちた騒動の数々が、軽妙な筆致で生き生きと語られて、読者の笑いを誘う。本書ならではの面白さだろう。

スティーヴやデレクと共に、われわれもまたエスターの日常から、ブタという動物の本性に目をひらかされる。なかでも印象的なのは、その頭のよさだろうか。冷蔵庫の中身を狙うエスターと、そうはさせじと頭をひねるスティーヴたちとの虚々実々の駆け引き、エスターの編み出した〝三段階窃盗法〟など、感心することばかり。だが、そうした事実に接して、スティーヴやデレクが、そしてわれわれもまた驚いてしまうのは、日ごろから、ブタとは不潔で鈍重で怠惰な家畜、という一面的なイメージにとらわれてきたせいではないだろうか。

実はブタくらい利口な動物もすくないのだという。

動物学者ライアル・ワトソンも、ブタと人間の関わりを総合的に考察した『思考する豚』（木楽舎）の中で、つとに書いている。

――中略――

ここから言えるのは豚は利口だということ。

誰が見ても茶目っ気があって社交性に富み、好奇心にあふれている豚は、有蹄動物の中では特異な存在だ。独自の知性を持つ動物として、どこの農場の豚であろうと際立った存在なのである（福岡伸一・訳）。

エスターを通してブタの本性に魅了されたスティーヴとデレクは、エスターに文字通り首ったけになり、家族の一員としてのエスターと二人の絆は急速に深まってゆく。それを如実に象徴する感動的なシーンがある。クリスマスを控えて、最悪のアイス・ストームに襲われたある晩のこと、停電のため暖房が効かず、石油ストーブの用意もない。そのとき、体温三十八度から四十度くらいのエスターが、暖房代わりになってくれたのだ。

その晩ぼくらはみんなでエスターを囲み、あの子にぴったり身を寄せて眠った。人間も犬も猫もブタもない、文字どおりの動物一家だった。

……そしてみんなでエスターにすがりついた。

その場の情景がありありと目に浮かぶ、なんとも微笑ましいエピソードではないか。

この、笑いと感動に満ちた〝動物ドキュメント〟は、しかし、ある晩のディナーをきっかけに、一種シリアスなトーンを帯びはじめる。スティーヴとデレクのエスターへの愛が並々ならぬ域にまで深まっていたことを考えれば、それは不可避の成り行きだったのかもしれない。その晩、サンドイッチをつくろうとしてベーコンを炒めていた二人は、自分たちがエスターと同じブタの肉を食べようとしていることに気づくのだ。

読んでいるこちらも胸を衝《つ》かれる印象的なシーン。

二人の人生の分岐点となった一瞬だった。


動物の肉を食べる〝動物好き〟とは、いったい何なのか？　二人は本能的に、動物由来の食品を一切摂らない、いわゆる〝ヴィーガン〟に転身する決意を固める。この転身に対してはしかし、こういう声も外野からはあがるかもしれない。では、完全に植物由来の食事に切り替えるとしても、この地球を母胎とする生命体を食べる点では変わらないのではないか？

動物と植物を分かつものは、いったい何なのか？　この問題をつきつめると、他の生命体を犠牲にせずには生きられない人間という動物とは何なのか、という興味深い、ある種宗教的な命題にも行き着くのだが、スティーヴとデレクはともかくもヴィーガンへの道を選び、その方向に邁進する。


そして、エスターへの愛をより高い次元に高めた二人は、当然の帰結として、エスターのみならず、虐げられた動物すべての避難所になり得るような農場の創設を夢想しはじめるのだ。

果たして二人の夢は実現するのだろうか。一匹のブタへの愛に発した捨て身の挑戦が始まる。

二人が資金作りのために着目したのは、いま何かと話題のインターネット利用の募金法、クラウドファンディングだった。そこであらためて気づくのだが、この破天荒な冒険の物語は最初から最後まで、いわゆるソーシャル・メディアに支えられている。

そもそもスティーヴがエスターに出会ったのもフェイスブックのメッセージがきっかけだし、エスター人気が爆発したのもフェイスブックのおかげ、そして二人の夢の実現を後押ししたのはクラウドファンディング。その意味では、あの『野生のエルザ』をはじめ、これまで人気を博してきた幾多の〝動物ドキュメント〟と比べて、本書はすぐれて現代的なドキュメント、このIT社会の在りようを意外な角度から浮かび上がらせる異色のドキュメントとしても読めるのではないだろうか。

作者のスティーヴ・ジェンキンズとデレク・ウォルターに関しては、スティーヴが不動産業に従事、デレクがプロのマジシャンということ以外、詳しいデータは伝わっていない。仲の良い男同士のカップルだが、であればこそこの物語は成立し得たとも言えるだろう。カップルの一人がもし女性だったら、あれほどの巨体のエスターをかいがいしく世話する力仕事は手に余っただろうから。

優しさは伝染する。

見果てぬ夢を実現したスティーヴとデレクは、そう最後に述懐する。その通りだと思う。と同時に、同じ〝動物好き〟として、本書を大いに楽しみ、啓発され、かつ一つの痛切な問いを投げかけられた感を抱いている筆者としては、そこにこう言い添えたい誘惑に駆られるのである。

優しさは伝染する——チクリと胸を刺す痛みを伴って。

高見浩

二〇一六年六月

ESTHER THE WONDER PIG
Changing the World One Heart at a Time
by Steve Jenkins and Derek Walter with Caprice Crane

This edition published by arrangement with Grand Central Publishing, New York, New York, USA through Japan UNI Agency, Inc., Tokyo

エスター、幸せを運ぶブタ

2016年7月21日　第1刷発行

著　者　スティーヴ・ジェンキンズ
　　　　デレク・ウォルター

訳　者　高見 浩

発行者　土井尚道

発行所　株式会社飛鳥新社
〒101-0003 東京都千代田区一ツ橋2-4-3 光文恒産ビル
電話　03-3263-7770（営業）03-3263-7773（編集）
http://www.asukashinsha.co.jp

装　丁　川名 潤（prigraphics）

印刷・製本　中央精版印刷株式会社

落丁・乱丁の場合は送料当方負担でお取り替えいたします。小社営業部宛にお送りください。

ISBN 978-4-86410-496-8

編集担当　三宅隆史